国家级线上线下混合式
一流课程配套教材

多媒体技术
基础教程

主 编 李 妍

副主编 李育泽 丁 智

编 委 丁 智 李 妍 李育泽

朱德权 张志明 朱永海

中国科学技术大学出版社

内 容 简 介

本书为国家级线上线下一流课程"多媒体创作基础及应用"的阶段性建设成果，以应用型人才的培养为目标，以项目为中心，通过任务驱动和协作学习的方式，达到知识、能力、素养的综合培养。本书主要包括多媒体技术概述、多媒体文本处理技术、音频信息处理技术、图形与图像处理技术、数字视频处理技术、网络多媒体应用、多媒体应用系统开发等内容，注重教材的立体化，配套教学视频、素材及案例等教学资源。本书可作为面向所有专业和不同层次大学生多媒体技术培养的通识教育教材。

图书在版编目(CIP)数据

多媒体技术基础教程/李妍主编.—合肥:中国科学技术大学出版社,2022.8
ISBN 978-7-312-05463-1

Ⅰ.多… Ⅱ.李… Ⅲ.多媒体技术—高等学校—教材 Ⅳ.TP37

中国版本图书馆CIP数据核字(2022)第107898号

多媒体技术基础教程
DUOMEITI JISHU JICHU JIAOCHENG

出版　中国科学技术大学出版社
　　　安徽省合肥市金寨路96号,230026
　　　http://press.ustc.edu.cn
　　　https://zgkxjsdxcbs.tmall.com
印刷　合肥市宏基印刷有限公司
发行　中国科学技术大学出版社
开本　787 mm×1092 mm　1/16
印张　14
插页　2
字数　237千
版次　2022年8月第1版
印次　2022年8月第1次印刷
定价　45.00元

前　言

　　20世纪以来，多媒体技术以其优异的信息处理和传递的功能特性拓展了人们获取信息的传统渠道，改变了人们的生产和生活方式。近年来，随着计算机技术、网络技术及通信技术的快速发展，多媒体技术也飞速发展，并在工业生产管理、学校教育、公共信息咨询、商业广告、医疗、军事，甚至在家庭生活与娱乐等众多领域中都得到了深入的应用，推动了相关产业的发展和革新，成为信息社会的通用工具。多媒体技术的兴起为传统的计算机系统、音频和视频设备带来了方向性的革命，对人们的工作、生活和娱乐产生了深刻的影响。

　　本书根据作者多年的教学经验和读者的特点及需求而编写，以技术应用为主要内容，既具有一定的理论性，又具有一定的应用性，介绍了多媒体技术的基本概念、多媒体领域的相关技术、多媒体常用的工具软件、多媒体技术的应用及多媒体作品开发等，并配备了课程视频资源、实践案例，让读者在熟悉多媒体技术理论、掌握多媒体制作技术的基础上，能够独立进行多媒体产品的开发和制作。本书采用模块化方式组织内容，有利于激发读者的学习兴趣，培养读者分析问题、解决问题的能力。读者可以输入网址 https://higher.smartedu.cn/course/62354c879906eace048c7bb0，或者扫描以下二维码，登录国家高等教育智慧教育平台，进行在线学习、交流互动，从而更好地掌握相关知识和技能，初步形成多媒体信息综合应用能力及计算思维能力。

本书第1章、第6章由李妍编写,第2章由丁智编写,第3章由李育泽编写,第4章由李育泽、张志明编写,第5章由朱德权编写,朱永海为本书的编写工作提供了部分资料。全书由李妍任主编并负责统稿,李育泽、丁智任副主编。在本书的编写过程中,作者参考了国内外同行在多媒体技术及应用方面的诸多文献资料,在这里表示衷心的感谢!

本书的出版得到了2020年国家级线上线下混合式一流课程"多媒体创作基础及应用"及蚌埠学院一流教材项目(编号:2021yljc1)的资助,是多媒体创作基础及应用虚拟教研室(编号:2021xnjys017)研究成果。

多媒体技术是一门综合性很强的技术,发展更新较快,鉴于作者水平和能力有限,书中难免存在疏漏之处,敬请读者批评指正!

编 者
2022年3月

目　　录

多媒体技术基础教程

第1章　走进多媒体

学习目标

◆ 理解媒体、多媒体、多媒体技术的概念及其特征
◆ 理解多媒体计算机系统构成
◆ 了解多媒体关键技术
◆ 了解多媒体主要应用领域及未来发展

【知识结构图】

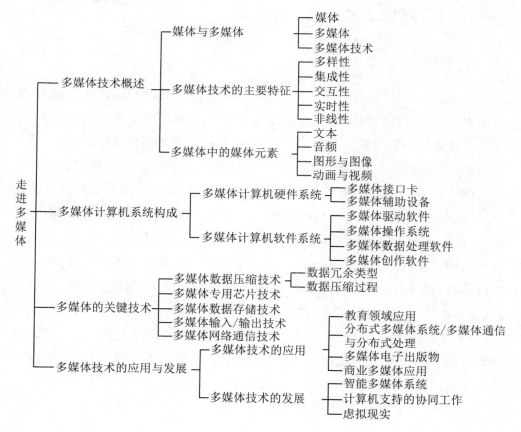

1.1　多媒体技术概述

随着计算机技术、网络技术、通信技术及人机交互技术的发展,计算机记录、处理和传播信息的载体由最初的数字、文本转向了图形图像、声音、动画、视频等多媒体形式。多媒体技术的产生与发展,是社会信息化发展的必然结果。多媒体的应用不仅大大丰富了信息的表示和传播方式,还使计算机的操作从单一的人机界面,转向了多种媒体的协同工作,多媒体已经成为信息时代信息传播的基本"语言",多媒体技术也成为计算机技术的重要发展方向之一。

那么,什么是"多媒体"? 多媒体具备哪些典型特征? 包含哪些相关技术? 这正是本章要探讨的主要内容。

1.1.1　媒体与多媒体

1. 媒体

媒体(media)是指人们用来传递与获取信息的工具、渠道、载体、中介物或技术手段,也可以把媒体看作为实现信息从信源传递到信宿的一切技术手段,即承载或传递信息的载体。在计算机领域,"媒体"通常包含两层含义,一层含义是指信息的物理载体,即用于存储、呈现或传播信息的实体,如磁盘、光盘、通信电缆等;另一层含义是指信息的表现形式或传播形式,即表述信息的逻辑载体,如文本、图形图像、声音、动画、视频等。信息必须借助一定的形式才能表达出来,这便是表示信息的载体——媒体。

根据信息被人们感知、表示、呈现、存储和传输的载体的不同,国际电信联盟(International Telecommunication Union,ITU)将媒体分为感觉媒体、表示媒体、显示媒体、存储媒体和传输媒体等五种类型。

(1) 感觉媒体:直接作用于人的感官,通过感觉器官使人能产生直接感受的媒体形式,如眼睛看到的图像、文字、数据、视频,耳朵听到的音乐声、语言声,鼻子嗅到的各种气味,手指触摸感受到的商品质感等。

（2）表示媒体：为了能对数据进行处理而被人为定义的一种媒体形式，主要用来对感觉媒体进行加工、处理和传输，用于定义信息的表达特征。表示媒体在计算机中通常以编码形式表示，如 ASCII 文本编码、PCM 脉冲音频编码、JPEG 图像编码、MPEG 视频编码等。

（3）显示媒体：用来获取和呈现媒体信息所需要的物理设备，可分为输入设备和输出设备。常用的输入设备有键盘、鼠标、麦克风、扫描仪、摄像机等，输出设备有显示器、扬声器、打印机、投影仪等。

（4）存储媒体：用于存储表示媒体的物理介质，如硬盘、光盘、闪存、U 盘等。

（5）传输媒体：用来将表示媒体从一处传输到另一处的物理实体，如光缆、同轴电缆、双绞线、光波等。

在多媒体领域中，这些媒体形式是密切相关的，不同媒体类型与计算机系统之间的对应关系如图 1-1 所示。

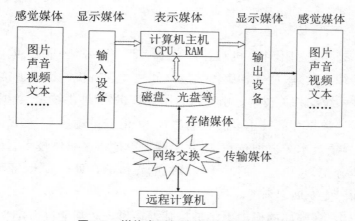

图 1-1　媒体类型与计算机系统的关系

在上述五种媒体类型中，表示媒体是核心。计算机处理媒体信息时，首先通过显示媒体的输入设备将感觉媒体转换成表示媒体并存储在存储媒体中，然后计算机从存储媒体中调取表示媒体信息进行加工、处理，最后利用显示媒体的输出设备将表示媒体转换成感觉媒体并输出呈现。此外，通过传输媒体，计算机还可以将存储媒体中的表示媒体传送到网络中的其他计算机上，实现网络媒体信息的交换。

2. 多媒体

从字面上理解,多媒体是多种"单"媒体的综合,通常是各种感觉媒体的有机组合,是多种媒体信息的综合体。在计算机领域,多媒体是融合文本、图形、图像、声音、视频等多种媒体形式的复合媒体,是多种媒体信息的综合。多媒体不仅具有"单"媒体的信息呈现和传播功能,还能充分发挥各种"单"媒体的优势,提供更为直观、更易于理解的信息交流方式,更容易为大众所接受。随着计算机技术的飞速发展,多媒体的应用越来越广泛,多媒体已经成为人类认知的基础手段,是信息传播的基本"语言"。因此,可以把多媒体看成是一种全新的信息载体,多媒体也成为信息时代信息传播的基本形式。

目前,当人们讨论"多媒体"时,有时并不完全是说多媒体信息本身,而更多是指处理和应用多媒体信息的相关技术,即"多媒体技术"。

3. 多媒体技术

多媒体技术是利用计算机对各种媒体信息进行采集、量化、编码、存储、传输和解码等综合处理,使各种媒体信息之间建立起有机的逻辑连接,成为具有良好交互性系统的相关技术。由于融合了计算机软/硬件技术、数据压缩技术、音/视频技术、数据存储技术、输入/输出技术、信息传输技术、多媒体数据库技术、多媒体通信技术等多种技术,因此不能简单地将多媒体技术看作是计算机技术的一个分支,它更是一门基于计算机的媒体综合处理技术,是由多个学科不断融合而产生发展起来的。

可以看出,多媒体的概念更多是从其外在形式和功能进行定义,而多媒体技术的概念更多是从多媒体制作和处理的角度进行描述。

? 思考与讨论

随着计算机网络、数据通信等技术的快速发展,一些与媒体相关的词汇不断衍生,如"富媒体""网络媒体""新媒体""全媒体""融媒体""自媒体"等。那么,这是否说明"多媒体"的概念已经过时?如何理解这些概念之间的关系呢?

多媒体技术基础教程

1.1.2　多媒体技术的主要特征

多媒体具有多样性、集成性、交互性、实时性、非线性等特征,这既是多媒体的关键特征,也是多媒体研究中必须要解决的主要问题。

1. 多样性

多样性是指信息载体的多样性,也称信息媒体的多样化或信息的多维化。多样性使多媒体计算机从最初的数值处理发展到可以同时以图、文、声、像等多种媒体形式传递和表达信息,丰富了信息的表现力和表现效果,使信息的表达更为自然、表现更加灵活,使用户对信息的理解更加全面、准确,同时也符合人通过多个感官接收信息的特点。

人类主要通过感官来接收和产生信息,其中视觉、听觉、触觉能接收到95%以上的信息量。通过多感觉形式的信息交流,媒体之间相互支持,达到"感觉相乘"的效应,有助于用户更好地组织、处理和表达信息。

2. 集成性

多媒体技术的集成性主要表现在两个方面:一是媒体信息的集成;二是处理媒体的设备的集成。

媒体信息的集成是指表现某一信息的各种信息媒体要做到能够统一地、同步地表示信息。每种媒体都有其擅长的范围,媒体之间可以相互支持,也可能相互干扰,多媒体中的任一媒体都会对其他媒体所传递信息的多种解释产生某种限制,产生信息冗余。因此,多种媒体的合理结合,可以减少信息理解上的多义性,有利于信息的接受和理解。通过对多媒体信息进行多通道的统一获取、存储、组织和集成等操作,可以使用户的多种感官共同受到刺激,保留媒体之间的关系及其所蕴含的信息,最终形成一个"新"的、完整意义的媒体信息。

多媒体系统是建立在一个大的信息环境下的整体,各种技术独立发展已不再能满足应用的需要,将会限制信息的有效使用,因此,需要将各种硬件设备、软件工具集成在一起,从而综合处理多媒体信息。从硬件上看,它应当具有能够处理各种媒体信息的高速及并行的处理系统、适合多媒体多通道的输入输出能力、大容量的存储,以及适合多媒体信息传输的通信网络等。从软件上看,它应当具有集成的多媒体操作系统、适用于多媒体信息管理的数据库系统，以及对应的多媒体创作工具及应用软件等。因此，多媒体系统的软、硬件的集成，能够实现一加一大于二的叠加效果。

3. 交互性

交互性是多媒体区别于其他传统媒体的主要特征之一。当引入交互时，多媒体系统将向用户提供交互式使用、加工和控制信息的手段，帮助用户增加对信息的注意，延长信息在头脑中保留的时间，便于用户有效地理解、控制和利用信息。

交互是一个"输入＋输出"的双向信息交换过程。交互活动过程中，用户通过显示媒体向计算机发出指令，计算机处理后将输出结果反馈给用户。借助于交互活动，用户可以按照自己的认知习惯和思维特征主动选择和获取信息，自主控制和处理信息，实现信息的重新组织和对信息的主动探索，找出事物之间的相关性，有效增强信息的表现效果，从而改变使用信息的方法。交互性实现了用户对信息的主动选择和控制。

4. 实时性

在多媒体系统中，多媒体数据所包含的各种媒体并不是相互独立的。各种媒体在内容、空间和时间上相互约束，共同呈现信息，其中以时基类媒体(与时域有关的媒体，如音频、视频等)表现最为明显。如可视电话系统，其语音和图像序列通过网络传输到接收端，必须同步地在接收设备演示出来，以保持声音和口型的一致。当媒体信息不能同时呈现时，用户可能会出现遗漏某些内容、对信息存在误解等情况，这就决定了多媒体技术必须支持实时处理。当用户给出操作指令时，相应的各种媒体信息应该能够同步、统一地表示、处理各种复杂的信息媒体，以实现多媒体信息传播中的时序和同步要求。需要说明的是，这些同步之间存在着同步容限，即用户与同步机制之间就偏差的许可范围达成协议，允许有一定的误差。多媒体数据的实时传输必须在同步容限的范围内进行，否则达不到所需要的质量要求。

随着网络技术、通信技术在多媒体技术领域中应用的不断深入，各领域对多媒体技术的实时性也提出了更高的要求。

5. 非线性

多媒体技术的非线性特征改变了传统的线性获取信息的方式,借助超文本、超媒体等超链接的方法,多媒体技术把信息以一种更灵活、多变的方式呈现给用户。非线性的方式为用户提供了更高的人机交互能力,用户可根据自身的需要进行自主选择,甚至可以按照自己的目的和认知特征重新组织信息,建立链接等,实现双向的交流。与线性相比,非线性更符合人类的思维方式,也更接近客观事物性质本身。

媒体的结合为什么会产生"感觉相乘"的效果?试举例加以说明。

1.1.3 多媒体中的媒体元素

多媒体中的媒体元素是指多媒体技术中用来呈现给用户的媒体形式,这也是多媒体技术的主要研究对象。目前,常用的媒体元素主要有文本、音频、图形、图像、动画、视频等。每一种媒体元素都有其各自擅长的领域和范围,没有任何一种媒体元素在所有场合都是最优的,在使用时需要根据具体情况选择相应的媒体元素。一般来说,文本信息擅长表现概念,图形图像信息擅长刻画细节,视频信息则适合表现真实场景,音频信息可以与其他媒体信息共同出现,往往适用于说明和示意,起到渲染和烘托的效果。

1. 文本

文本是人和计算机之间进行信息交换的主要媒体,是各种字符和文字的集合,如文字、数字和字母等。文本因擅长表现概念、刻画细节,一般用来表示事物中最本质的特征。相对于其他媒体元素而言,文本因操作方便,数据量小,是目前使用较多的媒体形式之一。

文本文件中,只包含文本内容、没有格式信息的文本被称为纯文本或非格式文本;而带有各种格式属性特征的文本被称为格式文本。这些格式与文本编辑工具软件有关。在多媒体应用中,主要包括字体、字号、字形、颜色、样式等格式属性。通过设置文本格式,可制作出形式多样、富有表现力的文本媒体,帮助用户理解信息。多媒体系统除具备一般的文本处理功能外,还可以应用人工智能技术对文本进行识别、翻译、理解等。

2. 音频

音频是多媒体技术中经常采用的一种媒体形式。音频信号集成到多媒体中,能增强对其他类型媒体所表达的信息的表现效果,起到烘托气氛、渲染效果的作用。根据频率及人耳可识别的情况,将频率低于 20 Hz 的声波称为次声波,频率超过 20 kHz 的声波称为超声波(其中频率超过 1 GHz 的声波称为特超声),频率在 20 Hz~20 kHz 的声波称为可听声。人耳能听到的所有声音都称为音频。

多媒体技术中的音频主要指可听声范围内的声波频率,主要包括波形音频、语音和音乐三种类型。波形音频是通过对各种模拟声音信号进行采样、量化和编码,实现模拟到数字转化后的音频,是使用最广的声音形式,没有经过压缩的波形音频一般采用 WAV 格式存储。语音本质上也是一种波形声音,特指人说话的声音。音乐是符号化的声音,这些符号通常代表一组声音指令,使用时可驱动声卡发声,将声音指令还原为对应的声音,一般采用 MID 或 CMF 格式进行存储。在计算机中,声音信号由一系列的数字来表示,称为数字音频。数字音频是由外界声音经过采样、量化和编码后得到的。影响数字音频质量的主要因素有采样频率、量化位数和压缩编码等。

3. 图形与图像

在生活中,人们一般不区分图形和图像。但在计算机领域,图形与图像是一对既有区别又有联系的概念。虽然看起来都是图,但图的产生、处理和存储方式并不相同。

图形是由计算机绘制的直线、圆、矩形、曲线、图表等几何画面,计算机记录的是生成图形的算法和图形中的某些关键特征点,因此,图形也被称为矢量图,如图 1-2(a)所示。图形通过算法和特征点来描述其颜色、大小、形状、位置、维度等,计算机通过调用相应的函数即可画出图形。例如,表示图形的圆的文件,只要知道它的半径、圆心坐标和颜色,计算机就可以调用相应的函数画出图形。由于采用数学的方法来描述,因此图形描述的对象可任意缩放、旋转、移动都不会失真,且可分别控制处理对象中的各个部分。由于计算机所记录的是绘制图形的指令,因此图形占用的存储空间较小,常用于框架结构的图形处理。但当图形较复杂时,计算机调用则需要花费较长的时间。

图像是由扫描仪、摄像机等输入设备捕捉客观景物,用数字矩阵方式表示的数字图像,如图 1-2(b)所示。矩阵内的任一元素对应于图像中的一个点,这些点被称为像素点(pixel)。其中,静态的客观景物叫作静态图像,也叫作位图;活动的客观景物叫作动态图像。图像用像素点来描述客观景物的亮度、强度和颜色等特征,适合于表现层次和色彩丰富、含有大量细节的景物,所描述的对象在缩放过程中会损失细节或产生锯齿。图像的显示过程是按照图像中所安排的像素的顺序进行的,如表示圆的图像文件,其数据文件主要记录表示圆的每个像素点的位置和颜色等信息。对图像的描述与分辨率和色彩的颜色数有关,分辨率与色彩位数越高,占用存储空间就越大,图像就越清晰。

(a) 通过计算描述的图形　　　　　(b) 通过像素点描述的图像

图1-2　图形与图像

随着计算机技术的不断发展,图形和图像之间的界限越来越小,它们在一定条件下可以相互转换。图形可以存储为图像文件,将图像矢量化处理后也可以转化为图形文件。

4. 动画与视频

在多媒体技术中,动画和视频是携带信息最丰富、表现力最强的媒体。

动画实质上是将多幅静态图形、图像以一定的速度连续播放而展现出连续动态效果的技术,其中每一幅画面被称为一帧。根据"视觉暂留"特征,每隔一段时间在屏幕上展示一幅上下有关联的图形、图像,就会给人一种流畅的视觉变化效果,从而形成动态的画面。动画不仅可以表现运动的过程,也可以表现如变形、强弱变换等非运动过程。根据制作方式的不同,计算机动画分为造型动画和帧动画两种类型。造型动画通过分别对每个运动的物体进行设计,并描述其颜色、大小、形状等特征,然后用这些物体构成完整的画面。帧动画是由一幅幅连续的画面构成的图形或图像序列,每帧的内容不同,当连续播放时,形成动态的视觉效果,如图1-3所示。帧动画是产生动画的基本方法。

图1-3　多画面帧动画

视频来源于电视技术。与动画一样,视频是由连续的画面组成,是另一种动态图像。当动态图像中的画面由实时获取的自然景物形成,就称之为视频。视频图像中的每一帧,实际上都是一幅静态图像。根据处理方式的不同,视频可分为模拟视频和数字视频两种类型。模拟视频是随时间连续变化的电信号,用于传输图像和声音信息;数字视频是以数字信号的形式记录的视频。由于数字视频的每一帧画面是由实时获取的自然景观转换成数字形式而来的,因此数据量很大,需要进行压缩处理,在尽可能保证视觉效果的前提下减小视频数据量。

思考与讨论

从网上找一种类型的多媒体作品(多媒体学习软件、多媒体商业广告、多媒体娱乐系统、多媒体信息系统等),分析这类多媒体作品主要运用了哪些多媒体元素? 所采用的媒体元素在信息呈现中表现出什么特点?

多媒体技术基础教程

1.2　多媒体计算机系统构成

多媒体计算机是具有多媒体处理功能的个人计算机(Multimedia Personal Computer, MPC)。多媒体计算机的硬件结构是在个人计算机(Personal Computer, PC)的基础上,通过增加一些多媒体外部设备,使用音频、图形图像、视频等软件来实现高质量的多媒体处理能力。多媒体计算机系统是指支持图、文、声、像等多媒体数据,并使数据信息之间通过获取、处理、存储、传输等处理建立逻辑连接,进而集成为一个交互式处理多媒体信息的计算机系统。

一个完整的多媒体计算机系统包括多媒体计算机硬件系统和多媒体计算机软件系统两个部分(见图1-4)。软、硬件平台是实现多媒体系统的基础。其中,多媒体硬件系统主要包括计算机基本硬件、多媒体处理硬件等;多媒体软件系统包括多媒体硬件设备驱动软件、多媒体操作系统、多媒体处理软件、多媒体创作软件及多媒体应用软件等。另外,很多多媒体的外部设备现在也已经成为了个人计算机的标准配置,多媒体现在正在向着更复杂的应用体系发展。

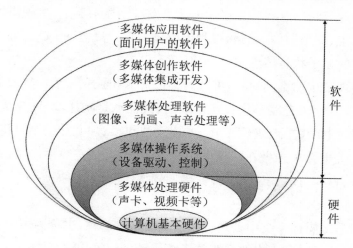

图1-4　多媒体计算机系统的层次结构

1.2.1　多媒体计算机硬件系统

多媒体计算机硬件系统是计算机实现多媒体功能的基础,多媒体信息的获取、处理、存储和传输都是在多媒体计算机硬件环境下完成的。多媒体计算机硬件系统除了具备普通计算机系统的组成部件外,还必须具备一些多媒体信息处理的专用硬件,如多媒体接口卡、多媒体外部设备和通信设备等,用来实现多媒体数据的获取、压缩/解压缩、实时处理、输入/输出等功能。多媒体计算机硬件系统由这些硬件设备选择性组合而成。

1. 多媒体接口卡

多媒体接口卡是多媒体计算机系统为完成音频或视频信号的模拟—数字转换,以插件形式安装在计算机的扩展槽上,或直接集成在主板上的物理设备,如显示卡、音频卡、视频卡等。

（1）显示卡

显示卡也称为显卡,是多媒体系统中重要的信息输出设备,是多媒体计算机系统和显示设备之间的传输系统。显卡的作用是将系统中CPU输出的显示信息加以处理、转换和控制,并将输出信息发送到显示器上,呈现出能被用户视觉感知的文本、图形图像、动画、视频等媒体信息。反之,CPU也可以从显卡中读取所需要的显示状态信息。

按照物理结构的不同,显卡可分为集成显卡和独立显卡。集成显卡将显示芯片、显存及其相关电路都集成在主板上,其优点是功耗低、发热量小,但性能相对略低,且固化在主板或CPU上,本身无法更换;独立显卡则是将显示芯片、显存及其相关电路单独做在一块电路板上,其优点是一般不占用系统内存,技术较为先进,容易升级,但功耗高,发热量较大。

（2）音频卡

音频卡是多媒体系统中处理音频信息的基本部件,也称为声卡。它集输入与输出功能于一体,是工作在系统与音频设备之间的传输系统。声卡的主要功能是音频的录播、编辑、合成、输出,数字音频文件的压缩与解压缩,MIDI音乐合成,各种音频源的混合,语音识别与合成等。声卡可以通过输入设备采样声音信息,通过模拟—数字的转换,然后存入计算机进行编辑处理;还可以将处理后的数字化声音通过数字—模拟的转换,送到输出设备进行播放。随着多媒体技术的发展,对声卡处理信号的能力也提出了更高的要求,要求声卡具有模拟真实音效的能力和非常强大的运算能力。

发展至今,声卡主要分为集成声卡和独立声卡两类,其中独立声卡包含内置声卡和外置声卡,以满足不同用户的需求。独立声卡对于声音的解析度要比集成声卡高很多。集成声卡容易受到主板其他部分的信号干扰,容易形成相互干扰以及电噪声的增加;独立声卡拥有更多的滤波电容以及功放管,经过数次级的信号放大,降噪电路,使得输出音频的信号精度提升,音质输出效果要优于集成声卡。

(3) 视频卡

早期的视频卡根据其自身用途的不同,大体可以分为视频转换卡、视频捕捉卡、视频合成卡等多种类型,功能相对单一。随着多媒体计算机的快速发展,多媒体计算机性能及接口技术日趋成熟,以前只具有单一功能的视频卡逐步演变成为兼有捕获、编辑、压缩、输出等多种功能的视频编辑卡,主要用来接收来自视频输入端的模拟视频信号,并对该信号进行采集、量化成数字信号,然后压缩编码成数字视频。随着数字视频技术的发展,越来越多的用户已经可以直接获得数字视频,无需再使用视频卡来获取视频。因此,当前视频卡多用于视频专业设备中的实时编辑处理与压缩,普通用户一般很少使用此类卡。

2. 多媒体辅助设备

多媒体辅助设备种类繁多,主要包括多媒体计算机输入/输出设备、交互设备、存储设备等,是计算机与用户或其他设备通信的桥梁。

(1) 多媒体输入设备

多媒体输入设备是用户和计算机系统之间进行信息交换的主要装置,用于把原始数据和处理这些数据的程序、信息输入到计算机中,主要包括麦克风、扫描仪、数码相机、数码摄像机、手写板等音、视频输入设备。

(2) 多媒体输出设备

多媒体输出设备是用于接收计算机数据的显示、声音控制、打印等操作的物理设备。多媒体输出设备把各种计算结果以数字、文本、图形图像、声音、视频等形式表现出来,主要包括扬声器、投影仪、绘图仪等音、视频输出设备。

（3）多媒体交互设备

多媒体交互设备是在传统媒体的基础上加入了交互功能,用户通过触觉、嗅觉等感官与多媒体交互设备相互作用获取、处理信息。用户不仅可以看得到、听得到,还可以触摸到、感觉到、闻到,甚至可以与之相互作用,如触摸屏、触控笔、手柄、数字手套、立体眼镜等交互式设备。这些交互式设备赋予了多媒体崭新的面貌,给用户以更加简单、方便、自然的交互体验。

（4）多媒体存储设备

多媒体存储设备主要是指存储量比较大的信息存储设备,多媒体存储设备通常可作为计算机的外存储器,如光盘、闪存、移动硬盘等。

1.2.2　多媒体计算机软件系统

如何将多媒体硬件有机组织到一起,使用户方便地使用、处理各种多媒体数据,是多媒体计算机软件系统的主要任务。多媒体计算机软件系统是指支持多媒体硬件系统运行、开发的各类软件和开发工具及多媒体应用软件的总和。按照功能划分,多媒体计算机软件系统主要包括多媒体驱动软件、多媒体操作系统、多媒体数据处理软件、多媒体创作软件及多媒体应用软件五类。

1. 多媒体驱动软件

多媒体驱动软件直接与计算机硬件打交道,主要用来实现硬件设备的初始化、多媒体各种硬件设备的调用等。由于每种多媒体硬件都需要相应的驱动软件,因此多媒体驱动软件一般随硬件配套,并常驻内存。

2. 多媒体操作系统

多媒体操作系统是多媒体计算机系统软件的核心。除具有一般操作系统的功能外,多媒体操作系统还具有多媒体底层扩充模块,支持在多媒体环境下实时任务调度,对多媒体信息进行采集、编辑、播放和传输等处理。多媒体操作系统能够像一般操作系统处理文字、图形、文件那样去处理音频、图像、视频等多媒体信息,并能够对各种多媒体设备进行控制和管理。当前主流的操作系统都具备多媒体功能。常用的多媒体操作系统包括微软(Microsoft)公司在PC机上推出的Windows操作系统以及苹果(Apple)公司在Macintosh机上推出的macOS操作系统。

3. 多媒体数据处理软件

多媒体数据处理软件主要是指多媒体数据或素材的处理工具,是在多媒体操作系统之上开发的,用于帮助用户采集、编辑和处理多媒体数据的工具软件,如音频处理软件,图像处理软件,视频处理软件等。多媒体数据质量会直接影响整个多媒体应用系统的质量。随着计算机软件技术的发展,出现了许多功能强大、界面友好、易于使用的工具软件,用户可以方便地利用这些软件进行多媒体数据的处理。从应用层面来看,多媒体数据处理软件可以被看作是多媒体创作软件中的一个部分。常用的多媒体数据处理软件如表1-1所示。有关多媒体数据的处理及应用的内容在后续章节将会具体展开。

表1-1　常用的多媒体数据处理软件

数据类型	常用数据处理软件
文本	Word、WPS、InDesign等
图形图像	Photoshop、Illustrator、AutoCAD、CorelDraw等
声音	Adobe Audition、GoldWave、Sound Recorder等
动画	Animator、3D Max、Maya等
视频	Adobe Premiere、After Effects、Movie Maker、会声会影等

4. 多媒体创作软件

多媒体创作软件也称为多媒体集成开发工具,实质上是一种综合性的集成软件包,是多媒体设计创作人员为了提高多媒体开发的效率,通过编辑、组合和调用各种媒体,把各种媒体素材按照超链接的形式进行组织,将应用系统的各个部分连接起来,编辑制作而成的多媒体应用程序。多媒体创作软件可以实现对各种媒体元素的控制、管理和综合应用。集成化、智能化是多媒体创作软件发展的方向。根据制作方法和特点的不同,常用的多媒体创作软件可分为表1-2所示的几种类型。

表1-2　常用的多媒体创作软件

类型	常用工具软件
基于卡片或页面的多媒体创作软件	ToolBook、PowerPoint、Focusky、Prezi等
基于时间线的多媒体创作软件	Director等
基于图标或流程的多媒体创作软件	Authorware、IconAuthor等
可视化编程语言	Visual C++、Visual Basic等

5. 多媒体应用软件

多媒体应用软件是面向特定领域、利用多媒体数据处理软件和多媒体创作工具软件等设计开发的偏向应用的多媒体软件系统。多媒体应用软件界面友好，具有较好的集成性、交互性，便于非专业人员使用。例如，用于教育领域的多媒体教学软件或多媒体课件、虚拟仿真实验软件，用于出版领域的多媒体电子出版物，用于商业展示的多媒体产品广告，用于娱乐领域的多媒体游戏，用于医疗领域的远程视频诊断等。

 思考与讨论

多媒体技术的应用体现在多个方面，请再列举1~2个多媒体应用的案例。

1.3 多媒体的关键技术

多媒体技术是一种以计算机技术为信息处理核心，结合多媒体数据压缩、存储、网络通信等的综合技术。由于多媒体系统需要将不同的媒体数据表示成统一的结构码，然后对其进行变换、重组和分析处理，以便做进一步的存储、传送、输出和交互控制，因此，多媒体的关键技术主要集中在以下几个方面。

1.3.1 多媒体数据压缩技术

多媒体数据的重要特征之一就是数据量巨大，比如一幅640像素×480像素的24位真彩色图像，数据量大约在1 MB，这给数据的实时处理、存储及传输造成极大的压力，可以通过提高计算机系统的处理能力、扩充存储器容量或增加通信带宽等方式进行解决。但要想从根本上解决问题，则需要通过多媒体数据压缩技术将多媒体数据控制在一个有效范围内，以压缩形式存储数据，便于计算机对多媒体数据进行实时处理，进而解决多媒体数据的大容量存储与传输问题，确保数据的质量。

1. 数据冗余类型

信息理论认为,信源中含有一定的自然冗余度,若信息编码的熵大于信源的实际熵,则该信源中一定存在着数据中与信息无关的部分,称为冗余。多媒体数据之所以能够被压缩,主要是因为原始数据信息存在着大量的信息冗余,尤其是图像、音频、视频等数据。数据压缩技术就是研究如何减少或去掉数据中的冗余部分以减少数据的存储量。

在图像信号中,规则物体和规则背景的区域,其色度、饱和度等相近甚至相同,这在数字化图像中就表现出明显的空间冗余;一幅规则图像的纹理规范清晰,结构上存在很大的相似性,这就是结构冗余;由于人类视觉系统的生理特征,人眼无法觉察图像中的所有变化,对某些图像信息表现不敏感,就会产生视觉冗余。如图1-5(a)和图1-5(b),看起来没有差别,但从表1-3所对应的数据进行分析,可以看出两幅图并不相同。

(a) 图像1   (b) 图像2

图1-5　视觉冗余图像示例

表1-3　视觉冗余图像数据

(a) 图像1数据编码

0	255	150
0	255	150
0	255	150
0	255	150
0	255	150
0	255	150
0	255	150

(b) 图像2数据编码

0	255	145
0	255	150
0	255	148
0	255	150
0	255	150
0	255	145
0	255	150

实验表明,人眼对亮度信息敏感程度较高,而对颜色信息的敏感程度相对较低,因此,可以通过损失部分颜色信息来达到压缩数据的目的。图1-5的两幅图中,145、148、150的灰度值相近,如果将表1-3(b)中的相应灰度值都换成出现次数最多的150,人眼并不能感受到明显的变化,这样就有利于压缩,数据量自然也就减少了。

在音频信号中,人耳对不同频率的声音的敏感度并不相同,并不能察觉到所有声音频率的变化,在不损失有用声音信息,或所引入的损失可忽略的情况下,对某些声音频率不必特别关注,这就存在着听觉冗余。

在视频信号中,每秒钟存储25帧图像(PAL制式),相邻两帧之间运动对象只有少许变化,具有很强的相关性,存在大量共同的、没有变化的地方,这就是时间冗余,也称为时间相关性。在图1-6中,相邻两帧图像仅太阳位置发生了变化,而背景的相关性非常大。基于这种特性,视频压缩通常的做法是利用前面帧的图像或后面帧来预测当前帧,然后对预测误差采取静态图像的压缩方法进行压缩。

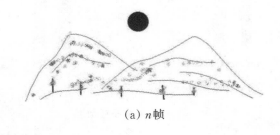

(a) n 帧

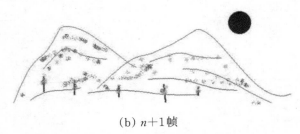

(b) $n+1$ 帧

图1-6 时间冗余示例

此外,还有知识冗余、信息熵冗余等多种类型的冗余。通过数据压缩技术去掉这些冗余信息,可以大幅度降低多媒体信息的数据量,以压缩形式存储和传输,既节约了存储空间,又提高了通信干线的传输速率。

2. 数据压缩过程

多媒体数据的压缩处理包括编码和解码两个过程,编码是将原始数据进行压缩以降低数据存储时所需的空间,等需要使用时再将编码数据进行解压缩,以还原为可以使用的数据。根据解码后数据与原始数据是否完全一致进行分类,多媒体压缩算法可分为无失真编码和有失真编码两大类。无失真编码去掉或减少了数据中的冗余,这些冗余值在解码时可以重新插入到数据中的,因此这种压缩是可逆的,压缩比一般为2:1~4:1;有失真编码压缩了熵,会减少信息量,所损失的信息是不能再恢复的,因此这种压缩是不可逆的,但用户一般不易觉察它与原始数据之间的区别。

衡量一个数据压缩技术性能好坏的关键指标主要包括压缩比、恢复质量、压缩和解压缩速度。压缩比是指压缩过程中输入数据量和输出数据量之比,比值越大,数据的压缩效果越好;恢复质量原则上要尽可能恢复到原始数据,根据压缩及解压过程中原始信息有无损失或改变,可将压缩方法分为无损压缩和有损压缩;压缩、解压缩的速度要尽可能快,尽可能做到实时压缩解压。随着计算机软、硬件技术的发展,多媒体数据的压缩和解压缩一般可以通过软件实现,但有些质量要求比较高或算法复杂的压缩则必须采用专门的硬件。

为了便于多媒体信息的交流、传播,对于音频和视频数据的压缩有专门的组织制定压缩编码标准和规范,主要有JPEG静态图像压缩编码标准和MPEG系列压缩编码标准,这两种编码标准在后面的章节中会具体介绍。

思考与讨论

为什么要对多媒体数据进行压缩? 多媒体数据为什么可以被压缩? 压缩后的数据与原始数据相比,有什么变化?

1.3.2 多媒体专用芯片技术

由于多媒体数据具有海量性,且大多数情况下需要对多媒体数据进行实时处理,因此对计算机处理数据的速度提出了很高的要求。20世纪末,只有中、大型计算机才能满足多媒体快速处理大量数据的需求,限制了多媒体技术的发展。随着大规模集成电路制造技术的发展,应用于多媒体处理的芯片大量出现,此类芯片是改善多媒体计算机硬件体系结构和提高其性能的关键。

用于多媒体信息处理的芯片主要分成两种类型,一种是专用芯片,另一种是通用芯片。专用芯片功能相对单一,价格相对便宜,根据用户需求有不同性能的芯片型号供选择使用,例如专门用于音频信号采集和播放的 AD 转换芯片;专门用于图形显示的显示芯片;专门对视频数据进行采集的高速处理芯片等。通用芯片的典型代表是 DSP(Digital Signal Processor,通用信号处理器),其结构类似于 CPU,是为独立、快速地实现各种数字信号处理运算而专门设计的一种处理器件。DSP 的工作原理是通过芯片集成的多个接口,接收模拟信号并将其转换为 0 或 1 的数字信号,以可编程的指令实时快速地实现各种数字信号处理算法,对数字信号进行修改、删除、强化,并在其系统芯片中把数字数据解码为模拟数据或实际环境格式进行输出。DSP 芯片可广泛地应用于通信、语音、图形图像处理等多个领域,可实现数据高速安全传输,语音识别与合成、图像压缩、图像增强、机器人视觉等具体领域。

1.3.3　多媒体数据存储技术

由于多媒体数据自身的特殊性,尽管经压缩处理后数据量明显减少,但仍需较大的存储空间。硬盘虽然存储容量大、读取速度快,但由于携带不方便,因此一般用于多媒体数据的单机存储,不便于远距离传输。目前,多媒体数据存储主要采取光存储技术、闪存技术和云存储技术等。

光存储系统主要包括作为存储介质的各种光盘,以及执行数据读写操作的光盘驱动器(简称光驱)。光存储技术主要利用激光束在光盘上存储信息,并根据激光束的反射读取信息。根据所使用的激光束的波长不同,光盘可分为 CD(Compact Disc,激光光盘)、DVD(Digital Versatile Disc,数字通用光盘)和 BD(Blu-ray Disc,蓝光光盘)三类,三种光盘的常规存储容量分别为 650 MB、4.7 GB 和 25 GB。光存储以其存储容量大、性能稳定、密度高、便于携带、价格低等优点,成为多媒体系统普遍使用的设备。

闪存(Flash Memory)是一种电子式可清除程序化只读存储器,读取速度较快(读取时间小于 100 ns),允许在操作中被多次擦、写,属于非易失性存储器,断电情况下数据仍然可以保留下来。这种存储技术主要用于一般性数据存储,以及在计算机与其他数字产品间交换传输数据,包括NOR和NAND两种类型的闪存。其中,NOR闪存读取速度快,写入速度不快,比较适合频繁随机读写的场合,通常用于存储程序代码并直接在闪存内运行,手机就是使用NOR闪存的大户,所以手机的"内存"容量通常不大;NAND闪存写入速度更快,占用空间相对较小,主要用来存储资料,我们常用的闪存产品,如闪存盘、数码存储卡都属于NAND型闪存。与传统硬盘相比,闪存的读写速度高、功耗较低、动态抗震能力强。目前,闪存正朝大容量、低功耗、低成本的方向发展。市场上已经出现了闪存硬盘,也就是SSD固态硬盘,该硬盘的性价比进一步提升。随着制造工艺的提高、成本的降低,闪存在日常生活中已经得到普及。

云存储技术(Cloud Storage Technology,CST)是近年来随着云计算技术的发展而发展起来的一种新型多媒体信息存储技术。云存储技术是指通过集群应用、网格技术或分布式文件系统等功能,将网络中大量各种不同类型的存储设备以"云"的方式分布在网络系统中,并通过应用软件集合起来协同工作,集合成逻辑上统一的"存储池",共同对外提供数据存储和业务访问功能。云存储是一种网上在线存储(cloud storage)的模式,即把数据存放在通常由第三方托管的多台虚拟服务器,而非专属服务器上。需要数据存储托管的用户,通过向托管公司购买或租赁存储空间的方式,来满足数据存储的需求。数据中心运营商根据客户的需求,在后端准备存储虚拟化的资源,并将其以存储资源池(storage pool)的方式提供,客户便可自行使用此存储资源池来存放文件或资源。实际上,这些资源可能被分布在众多的服务器主机上。

目前的云存储模式主要有两种:一种是文件的大容量分享;另一种是云同步存储模式,主要用来进行数据的备份、归档和恢复。

1.3.4 多媒体输入/输出技术

多媒体技术是以计算机为信息处理核心的综合技术,各种形式的媒体元素需要借助多媒体输入/输出设备与计算机进行信息的处理、存储及传输等交换。多媒体输入/输出技术主要包括媒体转换技术、媒体识别技术、媒体理解技术和媒体综合技术等。

媒体转换技术是指改变媒体表现形式的技术。例如,通过声卡AD转换芯片,对声音的模拟信号进行采集,并以固定的时间间隔对信号进行采样,处理变化成二进制数以便于在计算机系统中进行保存;借助视频采集卡可以将模拟视频信号以"帧"为基本单位进行转换,将每帧图像的像素点以二进制数值的形式进行处理,表示成为计算机可以识别、处理和存储的二进制数据流。

媒体识别技术是对信息进行关联操作的技术。例如,语音识别包括特征提取、模式匹配、参考模式库等三个基本单元。语音经过采集变换成电信号后加在识别系统的输入端,首先经过预处理,再根据人的语音特点建立语音模型,对输入的语音信号进行分析,并抽取所需的特征,在此基础上建立语音识别所需的模板。然后根据此模板的定义,通过查找相关数据就可以给出计算机的识别结果。

媒体理解技术是对信息进行进一步的分析处理并理解信息内容的技术,如自然语言理解技术、图像理解技术等。这里以图像理解技术为例进行简要说明。图像理解是研究用计算机系统解释图像,实现类似人类视觉系统理解外部世界的一门科学,所讨论的问题是为了完成某一任务需要从图像中获取哪些信息,以及如何利用这些信息获得必要的解释。图像理解也是以图像为对象,以知识为核心,研究图像中有什么目标、目标之间的相互关系、图像是什么场景的一门技术,其重点是在图像分析的基础上进一步研究图像中各目标的性质及其相互关系,并得出对图像内容含义的理解以及对原来客观场景的解释,进而指导和规划行为。图像理解所操作的对象是从描述中抽象出来的符号,如车辆号牌、刷脸支付过程中的点头眨眼等动作,其处理过程和方法与人类的思维推理有许多相似之处。

媒体综合技术是将低维表示的信息高维化,从而实现模式的空间变换。例如,语音合成技术可以将文本信息转换为声音信息输出。

1.3.5 多媒体网络通信技术

传统的网络技术主要用于数据通信,并不适应多媒体信息传输的要求。多媒体的数据量大,实时性、交互性强等这些特征,对多媒体网络的传输能力、传输延迟、传输误码率等都提出了更高的要求。

多媒体网络通信技术要求网络能够综合传输各种类型的媒体数据,但不同类型媒体数据的传输对网络和通信又有着不同的技术要求。对于音、视频数据来说,网络传输要有较好的实时性,但允许有一定的误差;而文本数据虽不要求实时同步,但对准确性的要求极高,在传输过程中不能改变数据的原貌。例如,对于实时的音、视频信息,网络的单程传输延时在100~500 ms;在交互式多媒体应用中,系统对用户指令的响应时间则控制在2 s以内。因此,多媒体网络通信技术必须充分考虑各种媒体数据的特点,解决数据传输中的所有问题。

思考与讨论

随着云计算和边缘计算的广泛运用,如何协调云端服务器资源进行多媒体信息的处理,如何在前端采集设备实现多媒体信息边缘预处理,如何确保多媒体信息安全可靠的存取及合规调阅等,都是今后在进行多媒体信息设计与实现过程中需要考虑并处理的重要问题。

1.4　多媒体技术的应用与发展

1.4.1　多媒体技术的应用

目前,多媒体技术、网络通信技术拓展了计算机的应用领域,已经成为信息社会的普通工具,在很多领域得到广泛的应用,正逐步缩短人类传递信息的路径,改善人类交流信息的方式。

1. 教育领域应用

从早期的计算机辅助教学,到近期的虚拟仿真技术等,多媒体技术已经应用到了教育领域的各个方面。丰富的图、文、声、像的多媒体表现形式使信息变得更加直观、生动,学习者能充分利用视觉、听觉、触觉等多种感官获取信息,加深对知识的认识和理解,提高信息接收的兴趣和注意力。多媒体技术的交互性使学习者能够根据自身情况定制学习内容、选择学习路径及学习进度等,实现个性化学习和主动学习。

随着网络技术与通信技术的快速发展,信息的流动从单向转向了多向,这为多媒体技术在教育领域的应用提供了更强有力的支持,涌现了一批优质的部、省级在线课程平台,例如,教育部牵头建设的"国家智慧教育公共服务平台"(http://www.higher.smartedu.cn,见图1-7),清华大学发起建立的"学堂在线"MOOC平台(https://www.xuetangx.com),安徽省教育厅主管的"E会学"安徽省网络课程学习中心平台(https://www.ehuixue.cn/)等。大规模在线开放课程、资源共享课程、虚拟仿真实验课程等优质在线教育资源的出现,使得任何人在任何时间、任何地点进行任何学习成为了可能。同时,借助多媒体技术,可以将文字、语言等传统媒体难以描述或再现的场景、过程及现象进行模拟、展示,将抽象问题变得直观、具体,使人们能够轻松、形象地理解事物变化的原理和关键环节,以便进行合理的判断和推理,以此来增强学习者对问题的认识和理解。可以看出,多媒体技术正在从教学内容、教学手段和方法,甚至教学组织形式上为教育行业带来新的机遇和挑战。

图1-7 国家智慧教育公共服务平台

2. 分布式多媒体系统/多媒体通信与分布式处理

随着网络技术的快速发展,以网络为中心的计算机系统的应用越来越广泛,把多媒体计算机系统的集成性、交互性与网络通信技术的分布性、同步性结合起来,构成了网络多媒体计算机系统。在网络多媒体计算机系统中引入分布式处理,就形成了分布式多媒体系统,如分布式多媒体会议系统、多媒体视频点播系统、远程医疗系统等多种应用系统。例如,远程医疗系统(见图1-8)已经从最初的电视监护、电话远程诊断发展到利用高速网络进行数字、图像、语音的综合传输,并且实现了实时的语音和高清晰图像的交流,为现代医学的应用提供了更广阔的发展空间。

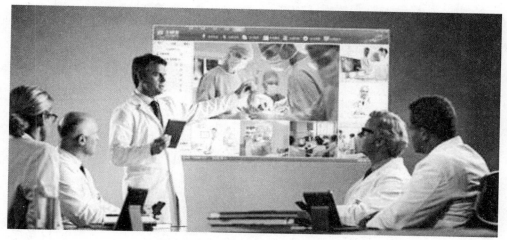

图1-8　现代远程医疗系统

3. 多媒体电子出版物

多媒体电子出版物是以电子数据的形式,把图、文、声、像等信息贮存在光、磁等非纸张载体上,并通过电脑或网络通信来播放以供人们阅读的出版物,如数字图书馆、百科全书等(见图1-9、图1-10)。多媒体形式的信息保存、检索方式,极大地丰富了出版物的内涵,读者阅读时能产生浓厚的兴趣和强烈的参与感。

与传统出版物相比,多媒体电子出版物在信息呈现、数据存储及传输等方面有了很大的改善,这为多媒体电子出版物的发展提供了广阔的市场。多媒体电子出版物通过多种信息媒体形式向读者呈现信息,不仅能提升读者对信息的兴趣和注意力,更能加速和改善读者对信息的理解。此外,多媒体电子出版物非线性的信息组织形式也可以让用户快速查找到所需要的信息。

图 1-9　中国国家数字图书馆首页

图 1-10　百度百科首页

4. 商业多媒体应用

商业领域是多媒体技术应用的重要领域,如产品宣传、信息咨询、网络购物、影视娱乐、家庭生活等。以音频、视频、动画等形式为主的多媒体商业广告能全方位地对产品进行展示，更容易为大众所接受，多媒体技术将商场导购系统、网络购物系统等渗透到人们的日常生活，成为商家宣传产品的主要手段。基于多媒体的产品展示和信息查询系统等（见图1-11、图1-12），可以帮助用户更快速地查询信息，使获取的信息更直观、生动。

图1-11　多媒体展示系统

图1-12　多媒体悬浮类广告

1.4.2　多媒体技术的发展

多媒体技术是一门跨学科、多应用领域的综合技术,涉及计算机技术、网络技术、通信技术等多个学科,其发展为人类与多维化的信息空间的交互提供了保障。随着各种技术的不断发展和创新,多媒体技术的应用领域也不断拓展。

1. 智能多媒体系统

智能多媒体是多媒体技术与人工智能相结合的一门交叉技术。智能多媒体系统能充分利用计算机的快速运算能力,与用户进行自然交互,感知用户需求并做出相应反应。智能多媒体的研究范畴非常广阔,需要重点增强计算机智能的研究,将人工智能的相关研究成果与多媒体技术深入结合,如文字语音的识别输入、自然语言的理解与翻译(语言识别与合成)、图形的识别与理解、机器人视觉以及解决知识工程和人工智能中的一些课题。

2. 计算机支持的协同工作

早期,计算机的图像处理功能是由 CPU 与显示处理芯片联合对图像及视频进行处理显示,系统资源消耗比较大,CPU 资源占用率较高。由于用户对图形的处理需求越来越高,因此需要一个专门的图形的核心处理器来完成相关工作。NVIDIA 公司在 1999 年发布 GeForce 256 图形处理芯片时,首先提出GPU(Graphic Processing Unit,图形处理器)的概念。GPU 使显卡减少了对CPU 的依赖,承担了大量原本 CPU 处理的工作,使得计算机系统可更加有效地显示高清视频信息及 3D 图形。GPU 所采用的核心技术更是给游戏带来了更加接近现实场景的显示效果。

目前,随着电子技术的快速发展,多媒体计算机的音、视频接口软件不断完善,多媒体计算机的音、视频硬件性能进一步提升。随着更加高端的 GPU 与外置高端声卡不断投入市场,配套开发的编辑软件功能不断完善,使得多媒体计算机的总体性能不断提升,但如果要满足计算机支持的协同工作环境的要求,还需要增强实时处理能力,进一步结合多媒体信息采集设备、人工智能技术,解决多媒体信息空间的安全处理方法等问题。过去,计算机的结构设计较多地考虑了计算功能,如今,计算机的结构设计需要考虑增加多媒体和通信功能。

3. 虚拟现实

虚拟现实(Virtual Reality,VR)技术是一种可以创建和体验虚拟世界的计算机仿真系统,也是一种多源信息融合的交互式三维动态视景和实体行为的系统仿真。通过利用计算机生成一种模拟环境,使用户沉浸在该环境中。它是仿真技术与计算机图形学、人机接口技术、多媒体技术、传感技术、网络技术等多种技术的集合。虚拟现实技术既是多媒体技术的关键技术之一,也是多媒体技术的重要发展方向。它的完善与进步将是多学科、多领域、多技术共同发展的结果。

虚拟现实技术主要包括模拟环境、感知、自然技能和传感设备等方面。模拟环境是由计算机生成的、实时动态的三维立体逼真图像。感知是指理想的VR应该具有一切人所具有的感知。除计算机图形技术所生成的视觉感知外,还有听觉、触觉、力觉、运动等感知,甚至还包括嗅觉和味觉等,也称为多感知。自然技能是指人的转动头部、眨眼睛、做手势或其他人体行为动作,由计算机来处理与参与者的动作相适应的数据,并对用户的输入做出实时响应,并分别反馈到用户的五官。传感设备主要指三维交互设备。

 思考与讨论

结合存在于你生活中的多媒体,思考多媒体是如何改变人们的工作、学习和生活的? 目前还存在哪些不利影响?

习题与思考

一、单项选择题

1. 按照 ITU 的划分,媒体可分为(　　)。

   A. 感觉媒体、表示媒体、显示媒体、存储媒体、传输媒体

   B. 关键媒体、表示媒体、输入媒体、输出媒体、传输媒体

   C. 感官媒体、交换媒体、输入媒体、输出媒体、网络媒体

D. 感官媒体、表示媒体、显示媒体、存储媒体、网络媒体

2. 多媒体技术区别于其他媒体技术的最典型特征是(　　)。

　　A. 多样性　　　　　B. 交互性　　　　　C. 集成性　　　　D. 实时性

3. 多媒体技术是融合两种或两种以上的(　　)媒体,是多种媒体信息的综合。

　　A. 表示媒体　　　　　B. 传输媒体　　　　　C. 存储媒体　　　　D. 感觉媒体

4. 光盘属于(　　)。

　　A. 表示媒体　　　　　B. 传输媒体　　　　　C. 存储媒体　　　　D. 感觉媒体

5. 多媒体软件中,用于对各种媒体元素进行控制、管理和综合处理的是(　　)。

　　A. 多媒体操作系统　　　　　　　　B. 多媒体数据处理软件

　　C. 多媒体创作软件　　　　　　　　D. 多媒体数据库软件

6. 关于媒体元素,下面说法错误的是(　　)。

　　A. 文本包含文字、数字、字母等多种字符,主要用来准确表达所呈现的信息

　　B. 声音不仅可以用来烘托气氛,还可以增强对其他类型媒体所表达信息的理解

　　C. 图形图像占用的空间小,可以不失真放大

　　D. 视频可以记录和还原真实世界的动态影像

7. 把一台普通的计算机变成多媒体计算机,要解决的关键技术不包括(　　)。

　　A. 多媒体数据压缩和解压缩技术

　　B. 音视频数据的实时处理和特效

　　C. 音视频数据的输入、输出技术

　　D. 多媒体数据的共享

8. 多媒体计算机系统由(　　)组成。

　　A. 多媒体计算机硬件系统和多媒体计算机软件系统

　　B. 计算机硬件系统与多媒体辅助外设

　　C. 计算机硬件系统与多媒体驱动软件

　　D. 计算机硬件系统与多媒体应用软件

9. 图像编码属于(　　)。

A. 表示媒体　　　　B. 传输媒体　　　　C. 存储媒体　　　　D. 感觉媒体

10. 随着云计算技术的发展而发展起来的一种新型存储技术是(　　)。

A. RAID　　　　B. NAS　　　　C. SAN　　　　D. CST

二、简答题

1. 什么是媒体？什么是多媒体？什么是多媒体技术？

2. 多媒体有哪些媒体元素？

3. 简述图形和图像的区别。

4. 多媒体计算机系统的层次结构包含哪些部分？

5. 多媒体技术主要包含哪些技术？

6. 为什么在多媒体中强调必须具有交互功能？

三、实践活动

1. 结合生活中的多媒体的应用案例,理解多媒体的特点,思考多媒体如何改变了人们的工作和生活,有哪些积极的作用,又存在哪些负面影响。

2. 搜集整理常用的多媒体制作工具,并分析比较其优点和不足。

3. 搜集几个大型的门户网站,分析这些网站上使用了哪些多媒体元素,并简要描述这些多媒体元素的主要应用。

第2章 文本处理技术

 学习目标

◆ 了解文本的基础知识

◆ 了解文本信息的特点

◆ 掌握文本格式的属性特征

◆ 掌握文本的获取方式

◆ 理解超文本和超媒体

【知识结构图】

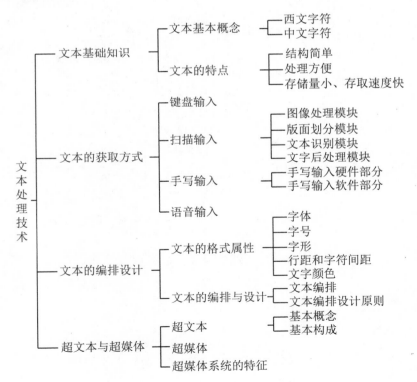

2.1 文本基础知识

文本是人们熟悉的媒体形式之一。早期的计算机仅能处理文本数据,计算机发出的各种指令、程序代码以及计算机输入、输出的各种信息都是以文本数据的形式与用户进行交互,甚至一些简单的图形也是由文本组成的,如图2-1所示。

图2-1 文本图形

随着多媒体技术的不断发展,虽然计算机可以处理的媒体形式越来越多,但由于其结构简单、操作方便、数据量小等典型特征,文本仍然是重要的媒体形式之一,是多媒体应用系统中不可缺少的重要元素之一。

2.1.1 文本基本概念

在多媒体计算机中,文本信息都是以二进制的形式进行存储、处理和交换的,因此,文本必须按特定的规则进行二进制编码才能进入计算机。文本编码的方法很简单,首先确定需要编码的字符总数,然后将每个字符按顺序确定编号,编号值的大小无意义,仅作为识别和使用这些字符的依据。在目前的计算机系统中,广泛使用的是 ASCII 编码所表示的西文字符集(包括字母、数字、特殊符号等)和汉字信息交换码所规定的中文字符集。

1. 西文字符

在计算机中,用 ASCII 编码可以表示所有的西文字符。ASCII(American Standard Code for Information Interchange,美国信息交换标准代码)是一套基于拉丁字母的电脑编码系统,主要用于显示现代英语和其他西欧语言。它是现今最通用的单字节编码系统,并等同于国际标准 ISO/IEC 646。

标准 ASCII 码也叫基础 ASCII 码,使用 7 位二进制数来表示 2^7 即 128 个字符,其排列顺序为 $d_6d_5d_4d_3d_2d_1d_0$,d_6 为高位,d_0 为低位,如表 2-1 所示。ASCII 码包含了 26 个英文大写字母(A～Z)、26 个英文小写字母(a～z)、0～9 数字符号、算术与逻辑运算符号、标点符号,以及一些特殊控制字符等。

表 2-1　7 位 ASCII 码表

$d_3d_2d_1d_0$	$d_6d_5d_4$							
	000	001	010	011	100	101	110	111
0000	NUL	DLE	SP	0	@	P	、	p
0001	SOH	DC1	!	1	A	Q	a	q
0010	STX	DC2	"	2	B	R	b	r
0011	ETX	DC3	#	3	C	S	c	s
0100	EOT	DC4	$	4	D	T	d	t
0101	ENQ	NAK	%	5	E	U	e	u
0110	ACK	SYN	&.	6	F	V	f	v
0111	BEL	ETB	'	7	G	W	g	w
1000	BS	CAN	(	8	H	X	h	x
1001	HT	EM	)	9	I	Y	i	y
1010	LF	SUB	*	:	J	Z	j	z
1011	VT	ESC	+	;	K	[	k	{
1100	FF	FS	,	<	L	\	l	|
1101	CR	GS	-	=	M	]	m	}
1110	SO	RS	.	>	N	↑	n	~
1111	SI	US	/	?	O	↓	o	DEL

在计算机中,每个西文字符均与一个 ASCII 码对应。从 ASCII 码表中可

以看出,ASCII码包含了34个非图形字符(也称控制字符,NUL～SP和DEL)和94个图形字符(也称普通字符)。其中,0～9、A～Z、a～z都是顺序排列的,这有利于大、小写字母之间的编码转换。

由于计算机的内部存储和操作主要以字节为单位,即以8个二进制位为单位,因此,一个字符在计算机内实际是用8位来表示。一般情况下,最高位d_7用"0"表示。如果需要进行奇偶校验的时候,最高位便作为校验位,用来存放奇偶校验的值。

除了常用的ASCII码外,西文字符还有一种字符编码EBCDIC(Extended Binary Coded Decimal Interchange Code,广义的二一十进制交换码),是IBM公司为它的更大型的操作系统而开发的。在一个EBCDIC的文件里,每个字母或数字字符都被表示为一个8位的二进制数,共有2^8即256个编码状态。和ASCII编码中英文字母顺序排列不同,EBCDIC编码中英文字母不是顺序排列的,中间出现多次断续,这为程序的开发带来了一定的困难。

思考与讨论

数值和西文字符在计算机内都是用二进制数表示的,如何来区分其是数值还是字符呢?

2. 中文字符

在计算机上处理中文字符,要比处理西文字符复杂。计算机在处理汉字时,汉字的输入、存储、处理、输出过程中使用的汉字编码不同,需要进行相互转换,因此需要有一个统一的标准。中文字符是指由汉字信息交换码所规定的中文字符集,是1980年由我国国家标准总局发布,1981年5月1日开始实施的一套国家标准,全称为"信息交换用汉字编码字符集",标准号是GB2312—80。它是计算机可以识别的编码,适用于汉字处理、汉字通信等系统之间的信息交换。

GB2312—80标准共收录了6763个汉字(含一级汉字3755个,二级汉字3008个)、682个数字和图形符号。GB2312—80的出现,基本满足了汉字的计算机处理需要。后来又出现了GBK(汉字内码扩展规范)、GB18030(信息技术中文编码字符集)等用来补充GB2312—80不能处理的一些汉字。

信息交换用汉字编码字符集对任意一个图形字符都采用两个字节表示,并对所收汉字进行"分区"处理。汉字信息的输入不能直接通过键盘完成,而是要用不同字母的组合对每个汉字进行编码,通过输入一组字母编码实现对汉字的输入。信息交换用汉字编码字符集和汉字输入编码之间的关系是:根据不同的汉字输入方法,通过相应的设备向计算机输入汉字的编码,计算机接收之后,先转换成信息交换用汉字编码字符,这时计算机就可以识别并进行处理;汉字输出是先把机内码转成汉字编码,再发送到输出设备。

2.1.2 文本的特点

文本是一种以文字和各种专用符号表达的信息形式,通常由具有完整、系统含义的一个句子或多个句子组成,是书面语言的表现形式,用来表达信息和传达感情。随着多媒体技术的不断发展,尽管计算机可以处理的媒体类型越来越多,但文本作为人们最熟悉的媒体形式,往往会出现在要叙述的内容中,与其他媒体文件一起来显示和传播信息,表示主题内容。

相比其他媒体,文本信息具有结构简单、处理方便、存储量小、存取速度快等特点,是多媒体应用中不可缺少的媒体元素之一。

1. 结构简单

文本是字母、数字及其他各种符号的集合。在计算机系统中,西文字符使用的是ASCII编码,每个编码占用一个字节;中文字符使用的是信息交换用汉字编码字符集(GB2312—80),一个汉字占用两个字节。

2. 处理方便

由于文本的结构简单,在处理字符的时候可直接对字节进行操作,方便处理,被广泛用于记录信息。当文本文件中的部分信息出现错误时,往往能够比较容易地从错误中恢复出来,并继续处理其余的内容。

3. 存储量小、存取速度快

相对于其他媒体文件,文本文件的存储量要小得多。以图2-2为例,一幅400像素×300像素、24位的图像,存储容量达14.8 KB,而以文本形式进行描述，仅需 4 KB 左右。因此文本在存取、处理等环节花费的时间相对也会快很多。

香蕉的外形弯曲，呈月牙状，果柄较短，果皮上有5～6个棱，未成熟时是青绿色，成熟后是黄色，并带有褐色斑点，果肉是黄白色，横断面近似圆形。

图2-2　香蕉示图

2.2　文本的获取方式

文本素材的处理离不开文本的输入和编辑。随着计算机硬件及多媒体技术的发展，文本的输入方式也得到了极大的扩展。除了最常用的键盘输入外，还有扫描输入、手写输入及语音输入等多种方式。文本输入到计算机后，通常以".txt"".rtf"".doc"".wps"等格式存储在计算机中。选用文本文件时，要考虑多媒体创作工具是否能识别这些格式。一般来说，纯文本文件格式（.txt）可以被任何程序识别，多文本格式（.rtf）也能够被大多数程序识别。多媒体创作工具一般也都提供文本输入和编辑功能。

2.2.1　键盘输入

键盘的主要功能是把文本信息和控制信息输入到计算机中。键盘输入是一种最传统的输入方式。通过键盘，可直接输入西文字符。但中文字符和键盘没有直接的对应关系，中文信息需要通过不同的中文输入法来完成。

中文输入法自20世纪80年代发展至今，经历了单字输入、词语输入和整句输入几个阶段。目前，键盘输入法种类繁多，大体可以分为拼音和拼形两大类型（如表2-2所示）。拼音类输入法相对简单，只要掌握汉语拼音就能输入，但输入速度相对较慢；拼形类输入法需要拆字，要熟悉与汉字部件的对应键，熟练后输入速度将会大大提高。随着各种输入法版本的更新,各种输入法各有优势。

表2-2　键盘输入法类型

输入法类型	特点	输入法示例
流水码	以编码表为输入依据,一个汉字对应一个编码,需要大量记忆,重码率低,一般用于某些特殊符号的输入	电报码、区位码
音码	对输入者的发音有要求,按照拼音规定输入汉字,符合人的思维习惯,但输入者难以处理不认识的生字。随着联想输入、模糊音识别等辅助功能的使用,能有效提升输入的速度	全拼、双拼、智能ABC、搜狗输入法
形码	按照汉字的字形(笔画或部首)进行编码,将组成汉字相对独立的部分设定为基本的输入编码,重码率较低	五笔字型码、郑码
音形码	结合音码和形码的优点,将二者结合使用	自然码

为了提升输入效率,某些输入法同时采用音、形、义多途径的智能化输入方式,将多种输入法结合起来,使一种输入法中包含多种输入方法,如万能五笔输入法。除此之外,一般输入法都有一些辅助输入功能,比如联想输入、自动纠错、高频先见、模糊音识别、朦胧记忆等功能,这将大大提升输入的效率。

2.2.2　扫描输入

扫描输入是指用扫描设备将印刷文本转化为图像存储在计算机中,再利用光学字符识别技术(Optical Character Recognition,OCR)将其识别并转换成文本文件的技术。如图2-3所示,扫描仪首先将照射到原稿上的光反射(或透射)到电荷耦合器件上,电荷耦合器件在接收光信号的时候,将扫描输入的连续图像分解成离散的像素点,并将强弱不同的亮度信号变成幅度不同的电信号,再经过模拟—数字的转换成为数字信号。扫描得到的数字信号以点阵形式保存,再使用相应的软件编辑成标准格式文件。

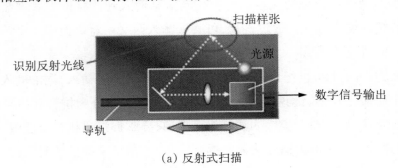

(a) 反射式扫描

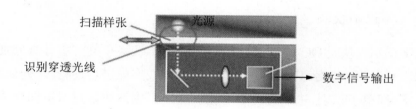

（b）透射式扫描

图2-3　扫描仪工作原理示意图

衡量一个OCR软件的技术指标包括识别率、识别速度、版面理解正确率，以及版面还原满意度等方面。

OCR技术主要由图像处理模块、版面划分模块、文字识别模块和文字后处理模块四个部分组成。OCR的工作原理如图2-4所示。

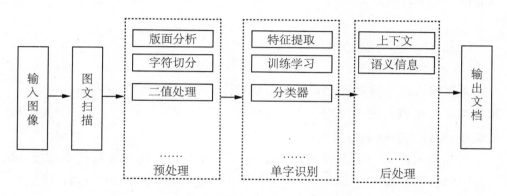

图2-4　OCR工作原理示意图

1. 图像处理模块

通过扫描仪输入后，文稿形成图像文件，图像处理模块可对输入的图像进行倾斜校正，通过缩放、旋转、去除污点和划痕等操作，为后面的文字识别创造更好的条件，提高识别率。

2. 版面划分模块

版面划分模块主要用于对版面的理解、字切分、归一化等，目的是告诉OCR软件将同一版面的内容分别处理，并按照一定的顺序进行识别，可分为自动划分和手动划分两种方式。

3. 文字识别模块

文字识别模块是OCR软件的核心部分,对于汉字和英文字母需分别调用不同的识别程序。文字识别模块主要对输入的文字先进行逐行/逐列切割,再切分为字,即单字识别,进而进行归一化。文字识别模块通过对不同样本文字的特征进行提取,完成识别,自动查找相似字,且具有前后联想功能。

4. 文字后处理模块

文字后处理模块主要利用语言学和经验知识对OCR识别后的文字进行校正。如果系统识别认为有误,则识别出的文字会以不同的颜色进行显示,同时识别系统会提供候选字供用户选择,找出合适的候选字替换当前的识别结果,或者由用户直接输入正确的文字。

2.2.3　手写输入

手写输入是一种更接近于人书写习惯的输入方法。手写输入系统由硬件、软件两部分组成。硬件由用于向计算机输入信息的手写板(手写区域)和手写笔组成;软件主要指手写识别软件。

手写输入设备一般由两部分组成:一部分是与计算机相连接的手写板,另一部分是在手写板上写字的手写笔。除了用于文字、符号、图形等的输入外,还可提供光标定位功能,因而手写板可以替代键盘和鼠标,成为一种独立的输入工具。

1. 手写输入硬件部分

手写板主要分为电阻式压力板、电容式触控板以及电磁式感应板三类。其中电阻式压力板技术最为古老,几乎已被市场淘汰;电磁式感应板是目前最为成熟的技术,应用最为广泛;电容式触控板由于手写笔无需电源供给,多应用于便携式产品。手写板性能的评价指标主要有压感、精度、面积等。压感级数、精度越高则手写板感应灵敏度越高,手写板面积越大则运笔越灵活,输入速度也更快。

手写笔是手写系统中的一个重要部分。早期的手写笔要从手写板上输入电源,笔的末端有一根电缆与手写板相连,这种手写笔也称为有线笔。随着技术的发展,出现了不需要任何电源的无线手写笔。

2. 手写输入软件部分

手写输入的另一项核心技术是手写识别技术。手写识别是将在手写设备上书写时产生的有序轨迹信息转化为汉字内码的过程,实际上是手写轨迹的坐标序列到汉字内码的一个映射过程。手写识别能够使用户按照最自然的输入方式进行文字输入。手写识别的难点在于用户书写的随意性,如笔顺、连笔等,评价一个手写识别系统性能高低的主要依据就是系统适应用户书写随意性的能力。

目前,手写识别技术广泛用于手机、平板电脑、电子白板、触摸屏等多个领域,逐渐成为广泛应用的计算机输入技术之一。

2.2.4 语音输入

语音输入主要通过麦克风等输入设备,采集处理用户的语音信息并传送到计算机,计算机通过语音识别处理,将语音内容转换成对应的文本信息。语音输入是语音识别技术的一个具体应用。

语音识别技术系统包含采录和识别两个部分。其原理是将人的语音转换为声音信号,并与计算机中事先存储的声音信号进行比对,然后反馈出识别的结果。目前,主流的语音识别技术建立在统计模式识别基本理论之上,其语音识别系统可分为三个部分:① 语音特征提取,其目的是从语音波形中提取出随时间变化的语音特征序列;② 声学模型与模式匹配(识别算法),通过学习算法来获得语音特征,在识别时将输入的语音特征同声学模型进行匹配与比较,从而得到最佳的识别结果;③ 语言模型与语言处理,包括由识别语音命令构成的语法网络或由统计方法构成的语言模型,语言处理可以进行语法、语义分析等。识别的关键在于将人的语音转换成声音信号的准确性,以及与事先存储的声音比较时的智能化程度。

根据识别对象不同,语音识别系统可以分为孤立词识别、连接词识别和连续语音识别三类。事实上,由于不同用户采录下来的语音在语调、语气、发音等方面各不相同,因此会产生很多不确定的因素。语音识别过程实际上是一种认识过程,就像人们听语音时,并不会把语音和语言的语法结构、语义结构分开一样,需综合考虑。

2.3 文本的编排设计

早期的计算机中,文本主要用于命令、程序和数据的呈现。随着多媒体技术的发展,文本的应用也更加的广泛。虽然多媒体计算机中的各种文字处理软件提供了文本处理功能,但要想让文本的设计编排赏心悦目,符合多媒体作品的要求,设计者不仅要从技术层面加以考虑,更需要从创意、审美等方面深入思考。

2.3.1 文本的格式属性

文本在多媒体中有很多不同的表现形式和使用场合,处理文本信息时,需考虑字体、字号、字形、行距和字符间距、文字颜色等格式属性特征。

1. 字体

字体选择是文本编排的第一步。选择字体时要注意与主题内容相匹配,各部分要统一,种类不宜过多。一般一个页面中采用的字体不超过三种,否则会使文本呈现出一种零散、混乱的效果,无法很好地体现其整体性。字体是文本的外观样式,不同的字体具有不同的造型特征,有的字体端庄严谨,有的字体娟秀雅丽,每种字体都有其适用的场合,需根据内容和受众需求选择最为合适的字体。常用的中文字体有宋体、黑体、仿宋、楷体等。

宋体横平竖直,横细竖粗,起落笔有棱有角,字形方正,笔画硬挺,是为适应印刷术而出现的一种汉字字体,常用于书籍、杂志、报纸印刷的正文排版。

黑体又称方体或等线体,是一种字面呈正方形的粗壮字体,字形端庄,笔画横平竖直,笔迹全部一样粗细,结构醒目严密。由于字体过于粗壮,黑体适用于标题或需要引起注意的醒目按语或批注,一般不适用于排印正文部分,常用于标题、导语、标志等。

仿宋是由宋体变化而来的,带有楷书味,字身修长,工整秀丽,匀称,笔画挺拔,起落偏顿,横斜竖直,粗细一致,间隔均匀,制图、书刊的诗歌、包装、样本的说明书常用仿实体印行。

楷体由隶书逐渐演变而来,更趋简化,横平竖直,字体端正,就是现代通行的汉字手写正体字,由于其亲切且易读性好,一般用于说明性文字。

常用的英文字体有 Times New Roman、Calibri、Arial 等。其中 Times New Roman 是一款最经典、使用最广泛的英文衬线字体,适用于书籍、报纸等印刷体,相当于中文中的宋体。

2. 字号

字号是指字的大小,计量单位包含点数制和号数制两种。点数制,也叫磅数制,是欧美各国用来计算西文字符大小的标准制度。"点"是国际上计量字体大小的基本单位,从英文"point"译音而来。因每个字母的字身宽度不同,其点数只能按长度来计算,我国主要使用英美点数制。1点为0.35146毫米,72点为1英寸。点数制的数值越大,字就越大。

中文字符一般用号数进行计量。号数制中将汉字大小按一号至七号由大至小排列,字号的数值越大,字就越小。在字号等级之间又增加一些字号,并取名为"小×号",如"小四号""小五号"等。号数制的特点是运用简单、方便,使用时指定字号即可,无需关心字体的实际尺寸,缺点是字体的大小受号数的限制,有时不够用,大字无法用号数来表达,号数不能直接表达字体的实际尺寸,字号之间没有统一的倍数关系,折算起来不方便。目前排版中,点数制与号数制并存使用,互为补充。点数制、号数制及其主要用途的对应关系如表2-3所示。通常情况下,较大的字号一般用于标题或需要强调的地方,正文用字的字号要适中。

表2-3 号值与磅值的对应关系及主要用途

号值	对应的磅值	主要用途	号值	对应的磅值	主要用途
小初号	36	标题	四号	14	标题、公文正文
一号	26	标题	小四号	12	标题、正文
小一号	24	标题	五号	10.5	书刊、报纸正文
二号	22	标题	小五号	9	注文、报刊正文
小二号	18	标题	六号	7.5	脚注、版权注文
三号	16	标题、公文正文	小六号	6.5	排角标、注文
小三号	15	标题、公文正文	七号	5.5	排角标、注文

3. 字形

字形是指字符显示的形体,主要包括正常体、斜体、加粗、下划线四种字形形式。对于重点内容或关键词可以选择特殊的字形,但整体风格需要统一,种类不宜过多。

正常体是使用最为普遍的一种字形,一般用于正文,没有任何修饰。

斜体是在正常体样式基础上,通过倾斜字体实现的一种字体样式。西文中有两种形状倾斜的字体:伪斜体(Oblique Type)和意大利体(Italic Type),单纯将原字体向右倾斜而没有形变的是伪斜体,倾斜后字形也发生变化的是意大利体。中文字符的斜体实际上都是单纯将字面从正方形改为平行四边形的"伪斜体"。西文中斜体主要用在表示强调、引起注意、引用等场合,书籍名称、文章标题等也会用斜体进行表示。

加粗一般是通过为对文档中的特定字符设置加粗效果,以突出显示这些字符。

下划线在文档中主要起到强调文字、引起注意的作用,在多媒体应用中更多起到超级链接的作用。

4. 行距和字符间距

行距是指相邻两行之间的距离。在西文字符中,行距是指两行英文的基线之间的距离。在中文字符中,行距是指上一行中文的最底部与下一行中文的最底部之间的距离。行距设置有单倍行距、1.5倍行距、2倍行距、多倍行距、最小值和固定值等多种形式。行与行之间必须留出一定的间隔才方便阅读,适当的行距会在文本中形成明显的水平空白带,便于浏览者阅读。行距过大会显得版面稀疏,破坏各行之间的延续性,降低文本的连贯性;行距过窄则阅读时上下文本之间容易相互干扰,造成阅读困难。行距的大小一般根据正文字号来设定,如图2-5所示。

<u>随着字体的增大,</u>
<u>段落之间的距离也要加大。</u>

(a) 字符间距"紧缩"、单倍行距图示

随着字体的增大，

段落之间的距离也要加大，行距要大于字间距。

图2-5　不同字符间距、行距图示

字符间距是指相邻两个字符之间的距离。与行距一样,字符间距的大小也会影响文本的可读性。根据实践经验,行距要大于字符间距,才能引导浏览者按照一定的方向和顺序进行阅读。

从设计角度出发,行距和字符间距的某些特殊设定对平面设计具有一定的装饰作用,能够更加凸显内容的主体性。通过设计者对行距和字符间距的精心安排,能够增强内容的层次性,体现出不一样的版式特征。

行距和字符间距的选择更多依靠设计者的主观感受。文本设计中对行距和字符间距的选择,体现了设计者不同的编排风格。

5. 文字颜色

文字颜色的选择要符合作品的整体风格,保持易读性。使用不同颜色的文字可以使需要强调的文字更引人注目,但颜色变化不宜过杂,只可少量使用。

文字颜色的合理使用不仅能提升文本的可读性,而且对于整个多媒体应用系统的表达呈现也会产生影响。

2.3.2　文本的编排与设计

1. 文本编排

文本编排是将文本进行重新组合,使其在视觉和色彩上满足浏览者的需求。文本编排要从全局出发,各个段落内容要满足和符合整体的编排需求,符合内容的逻辑性和日常审美的规律性。在此基础上,对文本进行统一的编排规划,使浏览者能够更直观地了解具体内容。常用的文本编排形式主要有以下几种:

（1）两端对齐。是指设置文本内容两端对齐,调整文字的水平间距,使其均匀分布在左右页边距之间。文本编排时保持左端到右端的对齐,使文本整体呈现出整齐、严谨的效果。

（2）分散对齐。简单来说，当文本不足一行的时候，分散对齐通过调整文本之间的距离能使不足一行的文本占满一行，其效果为增大字符间的距离。

（3）居中对齐。文本编排时以中心为轴线，保持两端的字距对等。这种居中对齐主要是为了突出中心。

（4）左对齐或右对齐。这是一种相对灵活的编排方式，自由度和节奏感更强。左对齐方式更符合浏览者的阅读习惯；右对齐方式一般用于某些特殊场合。

> 说明：文本编排的时候，如果段落的最后一行仅有一个字或半个词，可以通过调节字符间距或行距来予以处理，方便浏览者阅读。

2. 文本编排设计原则

文本编排主要体现在文本、段落和页面三种部分。文本编排是以若干文本为对象进行格式化；段落编排是针对整个段落的外观，包括对齐方式、行间距、段落间距等进行设置；页面编排的主要目的是为了保证文档的整体美观和输出效果。文本的编排除了要把握各细节的要求外，更应注重整体编排。各个部分内容需从大局出发，符合文本整体编排要求，不能为了过于凸显局部而打乱整体布局，而整体的编排效果在一定程度上又必须依靠对各个细节的把握。因此，在进行文本编排时，要把握以下几个原则：

（1）保持形式与内容相一致。文本是最直接、最主要的视觉传达要素，具有内容和形式双向传递的功能。在文本编排中，其外在形式必须满足内容的内在特征，从而能更好地凸显文本内容的内涵和情感，使浏览者获得较好的浏览体验。

（2）保持文本的可读性。相比其他媒体表现形式，文本是一种经过高度抽象后的，将信息传达和情感传达完美结合的表意符号。文本不仅能准确地表达信息，更能给人充分的想象空间。因此，文本在编排设计过程中应尽量避繁就简，以突出文本的信息传达功能为主体，无需过分强调其装饰效果，要注意选择合适的字体、字号、字形、行距和字符间距等，更好地满足大多人的阅读习惯，以保持文本的可读性。

2.4 超文本与超媒体

随着多媒体技术的不断发展,多媒体系统中大量的图、文、声、像等信息的处理方式也发生了改变。信息和数据的爆炸式增长,单纯依靠传统的线性、顺序的信息处理方式已不能适应信息社会的需求,这就需要一种更符合用户的思维习惯的非线性的网状结构来组织信息。这种关联可以使用户更好地理解存储在不同空间信息之间的关系,协助用户快速存储、检索和使用信息。超文本和超媒体正是这样的一种技术。

2.4.1 超文本

超文本是由信息结点和表示信息结点间相关性的链构成的一个具有一定逻辑结构和语义的网络。

1. 基本概念

超文本思想最早是由美国的计算机科学家范内瓦·布什(Vannevar Bush)提出来的。1945年,他在论文 *As We May Think* 中提出了 Memex(Memory Extender)的设想,提出文本的非线性网络结构的概念。

超文本(Hyper Text)技术借鉴了人类联想思维的方式,用超链接的方法,将各种不同空间的文字信息组织在一起,建立起存储于计算机网络中信息之间的链接结构,形成可供访问的信息空间,实现信息之间相互交叉"引用"。这种"引用"并不是通过复制来实现的,而是通过指向对方的地址字符串来指引用户获取相应的信息。同时,信息组织形式是非线性的,空间内的信息没有固定的排列顺序,用户可以任意选择阅读的起点,并根据自己的需求跳转到指向的位置。

超文本有多种格式,目前最常使用的是超文本标记语言(Hyper Text Markup Language,HTML)及富文本格式(Rich Text Format,RTF)。我们日常浏览的网页上的链接都属于超文本。

2. 基本构成

一个典型的超文本结构由信息结点、表示信息结点之间关系的链以及网络等要素共同组成。其中,结点和链既可以单独存储,也可以将链嵌入结点中,存储在一起。超文本中的链和结点均可动态变化,各结点中的信息可以更新,可以将新结点加入到超文本结构中,也可以加入到新链路来反映新的关系,形成新的结构。图2-6所示(书后附有彩图)的是百度百科中的"多媒体计算机"词条内容,蓝色的文本具有超链接的功能。单击对应的超链接文本,就可以打开相应的词条内容;右侧为具有超链接功能的图片,单击该图片则可链接到与词条有关的图片内容。

图2-6 百度百科中"多媒体计算机"词条

(1)信息结点。信息结点是超文本表达信息的基本单位,由超文本中具有一定独立性和相关性的基本信息块构成,通常表示一个单一的概念或围绕一个特殊主题组织起来的数据集合。信息结点内容可以是图、文、声、像等媒体信息,也可以是一段程序指令。根据表现形式的不同,信息结点分为表现型结点和组织型结点两种类型。表现型结点主要用来记录各种媒体信息,包含图文结点和文本结点。组织型结点是连接超文本网络结构的纽带,用于组织并记录结点间的链接关系,实际起到索引目录的作用,是组织结点的结点。

(2)链。链主要用于结点之间的关联。链通常是有向的,它从一个结点指向另一个结点,以某种形式将不同结点上的信息连接起来(见图2-7)。一个完整的链包括链源、链宿及链的属性三个部分。一个链的起始端称为链源,可以是热字、热区、媒体对象或结点,是导致浏览过程中结点迁移的原因;链宿是链的目的所在,可以是结点,也可以是其他媒体内容;链的属性主要指链的类型、版权和权限等信息。

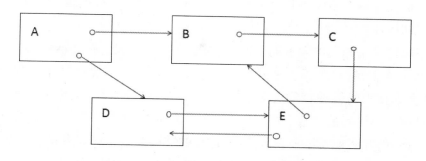

图2-7　超文本结构示意图(含5个结点和7条链)

在超文本系统中,包含了基本结构链、顺序链、索引链、隐形链等多种链的类型,链的类型决定了链的属性。基本结构链是构成超媒体的主要形式,在建立超媒体系统前需创建基本结构链,使结点信息在总体上呈现为某一层次结构,结构层次分明;顺序链是将超文本中的结点按照由浅入深的关系顺序连接在一起,使结点信息呈现线性结构;索引链是超文本所特有的,用来实现对相关信息的检索和交叉引用;隐形链又称为关键字链或查询链,为超文本的每个结点定义一个到多个关键字,通过对关键字的查询操作来驱动相应的目标结点。

(3)网络。由节点和链共同构成了超文本网络结构,也称超文本系统。超文本系统能向用户呈现网络动态结构图,使用户随时得到当前所处结点的周边环境。超文本系统具有良好的扩充功能,超文本设计者可以动态地创建、编辑和删除结点,也可以生成、改变、完成或删除链接;用户可根据需要动态地改变网络中的结点和链,以便对网络中的信息进行快速、准确的定位和访问,以及浏览、查询等操作。

如果超文本网络较大时,仅用一个超文本网络进行管理会很复杂,通常会组建超文本子网来分层简化网络拓扑结构,子网中具有共同特征的结点构成结点群,也称为宏结点。一个宏结点就是超文本网络中的具有某种共同特征的子集。宏结点的引入,方便了导航,但增加了管理和检索的层次。

2.4.2　超媒体

随着计算机技术、多媒体技术的发展,各种媒体接口的引入,使表达信息的形式拓展到多种感官来呈现,结点中的数据包含了图、文、声、像等多种媒体,甚至计算机程序等。多媒体和超文本的结合使信息的交互程度进一步深入,这就形成了超媒体。

超媒体是由超文本发展而来的,是对超文本的扩展。超文本表现信息的形式以文本为主,链接关系主要建立在文本之间。随着多媒体技术的兴起和发展,超文本技术的管理对象从文本拓展到多种媒体,超媒体是超文本和多媒体在信息浏览环境下的结合。超媒体不仅可以完成超文本的全部功能,还可以用图、文、声、像等多种媒体来表示信息,建立的链接关系拓展到多媒体类型之间。

超文本和超媒体都是以非线性的方式组织信息,本质上具有同一性。超文本是超媒体的一个子集,而超媒体又是多媒体的一个子集。超文本是超媒体中以文本信息为结点的一个特例,超媒体是多媒体诸多要素中的一个重要组成部分。超文本、超媒体和多媒体之间的关系如图2-8所示。

图2-8　超文本、超媒体、多媒体关系图

2.4.3　超媒体系统的特征

一个良好的超媒体系统应当具备如下特征:

(1)结点多媒体化。一个良好的超媒体系统具有提供文本、图形图像、声音、动画和视频等各种媒体的能力,并能够通过多窗口的形式表现。

(2)网状信息链接结构。一个良好的超媒体系统应当具有网状的、复杂的信息链接结构,用户可以通过多种查询方式使用超媒体中各结点的内容。

(3)良好的导航能力。一个良好的超媒体系统应当具有良好的导航工具和导航能力,能指引用户在超媒体的信息网络中漫游,防止迷航。

(4)数据库共享。一个良好的超媒体系统可以通过网络共享数据库,可供多用户使用数据库内的信息。

(5)窗口化管理。一个良好的超媒体系统具有窗口化的管理功能,可以随时修改、增加、删除结点和链。

习题与思考

一、单项选择题

1. 多媒体信息在计算机中的存储形式是(　　)。

　　A. 二进制数据　　　B. 十进制数据　　　C. 文本数据　　　D. 模拟数据

2. 下列文件中,属于多媒体文本文件的是(　　)。

　　A. 一封家书.mp3　　　　　　　　B. 一封家书.doc

　　C. 一封家书.jpg　　　　　　　　D. 一封家书.asf

3. 以下设备中,可用于获取文本信息的是(　　)。

　　A. 声卡　　　　　B. 扫描仪　　　　C. 数码相机　　　D. 触摸屏

4. 多媒体计算机中的媒体信息是指(　　)。

　　A. 文本、动画　　　B. 图形、图像　　　C. 声音、视频　　　D. 以上均是

5. 下列不属于超文本要素的是(　　)。

　　A. 信息结点　　　B. 链　　　　C. 网络　　　　D. 数据

6. 相对于其他媒体,文本的主要特点不包括(　　)。

　　A. 表示简单　　　　　　　　B. 处理方便

　　C. 读取速度快　　　　　　　D. 可视化效果好

7. 衡量OCR软件的技术指标有(　　)。

　　(1)识别率　　(2)版面理解正确率　　(3)识别速度　　(4)版面还原满意度

　　A. (1)(2)　　　　　　　　　B. (1)(2)(3)

　　C. (1)(3)(4)　　　　　　　　D. 全部

8. 相对于其他媒体元素,文本擅长(　　)。

　　A. 刻画细节　　　　　　　　B. 表现概念

　　C. 表现真实场景　　　　　　D. 烘托渲染

二、简答题

1. 简述文本信息的获取方法。

2. 理解文本的特点,试分析文本在多媒体中的作用。

3. 什么是超文本？什么是超媒体？试举例说明超文本、超媒体和多媒体之间的关系。

三、实践活动

1. 以小组为单位上网搜索三个不同风格的网站，分析它们在文本使用上、布局上的特点，形成分析报告。

2. 选择一个主题，设计2～3组不同风格的母版。

3. 为自己的班级设计logo，要求突出班级特点（仅用文字、字母和数字组成）。

第3章　音频信息处理技术

 学习目标

◆ 掌握音频的基本概念、理解声音的产生原理
◆ 理解音频的数字化处理过程
◆ 掌握常见的音频文件格式
◆ 了解常用的音频处理软件

【知识结构图】

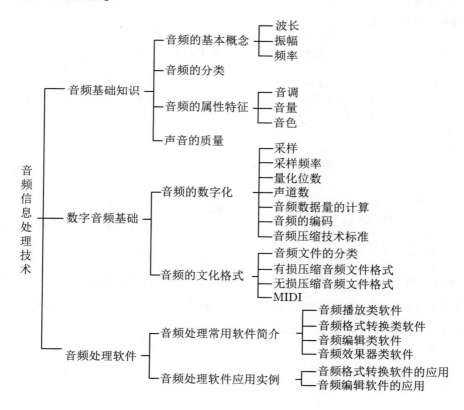

3.1 音频基础知识

3.1.1 音频的基本概念

人类能听到的所有声音都源自于空气质点的振动,当吉他弦、人的声带或敲门发出声音时,都会引起介质——空气分子发生有节奏的振动,使周围的空气产生疏密变化,形成疏密相间的纵波,这在物理学上称为声波。当这些压力波的变化到达人耳时,会振动耳中的神经末梢,人耳将这些振动转化为声音。把人类能够听到的声音录制下来并保存至计算机、CD等介质后,声音频率的信息被记录为文件,这些文件即为音频(audio)文件,也叫音频信号或声音文件。

最为简单的波动形式是正弦波,如图3-1所示,声音的传播可以用波形的相关概念进行描述。

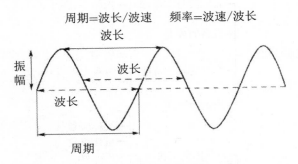

图3-1 正弦波波形图

1. 波 长

波长(Wave Length)是指波在一个振动周期内传播的距离。波长(或可换算成频率)是波的一个重要特征指标,是波的性质的量度,也是对声波进行分类的依据。

2. 振幅

振幅(amplitude)是指振动的物理量可能达到的最大值。它是表示振动的范围和强度的物理量。声波的振幅是最初发出振动的物体振动时,离开平衡位置最大位移的绝对值,振幅在数值上等于最大位移的大小。振幅越大,声音也越大。

3. 频率

一秒钟内振动质点完成的全振动的次数叫振动的频率(frequency),其单位为赫兹(Hz),简称"赫"。频率也是表示质点振动快慢的物理量,频率越大,振动越快。声波的频率决定了声音的音调。

3.1.2 音频的分类

人类能够听到的声音,其频率范围在 20 Hz~20 kHz,根据振动的频率,可划分为不同的类型(见表3-1)。当声音的频率高于 20 kHz,超出人类所能听到的频率范围时,称之为超声波。超声波的方向性好,反射能力强,易于获得较集中的声能,在水中传播距离比空气中远,可用于测距、测速、清洗、焊接、碎石、杀菌消毒等,在医学、军事、工业、农业上有很多的应用。声音的频率小于 20 Hz 的声波称为次声波,人类也无法听到。次声波的波长往往很长,因此能绕开某些大型障碍物发生衍射,某些次声波能绕地球两至三周。某些频率的次声波由于和人体器官的振动频率相近甚至相同,容易和人体器官产生共振,会对人体造成很强的伤害,危险时可致人死亡。

表 3-1　声波的分类

频率	名称
<20 Hz	次声波或超低声
20 Hz~20 kHz	可闻声
20 kHz~1 GHz	超声波
>1 GHz	特超声或微波超声

在多媒体应用情境中的音频主要是频率范围集中在 20 Hz~20 kHz 的可听声,包括波形音频、语音和音乐三种类型。波形音频是对各种模拟声音信号进行采样、量化和编码后得到的数字化音频,是使用最广的声音形式。语

音本质上也是一种波形声音,通常频率范围在 100 Hz~10 kHz(主要集中在 300 Hz~3 kHz)。音乐是符号化的声音,这些符号通常代表一组声音指令,使用时可驱动声卡发声,将声音指令还原为对应的声音。

3.1.3　音频的属性特征

如果说声音的强弱体现在声波的振幅上,音调的高低体现在声波的周期和频率上,那么振幅、周期与频率对应的音频主观属性则表现为音调、音量(响度)与音色(音品)。

1. 音调

音调(pitch)表示人的听觉所能分辨出的一个声音的调子高低,是人对声音高、低的主观感觉。音调主要由声音的频率决定,频率高,音调高,声音纤细;反之,频率低,音调也低,声音雄浑。频率的千差万别,使得声波丰富多彩。例如,小鼓的声波是每秒钟振动80至2000次,即频率为80~2000 Hz;小号是146~2600 Hz;大提琴是40~700 Hz;小提琴是300~10000 Hz;笛子是300~16000 Hz;男低音发声的频率范围是70~3200 Hz;男高音为80~4500 Hz;女高音是100~6500 Hz;人们谈话的声波频率一般在200~800 Hz。

音调同时也与声音强度有关,对于一定强度的纯音,音调随频率的升降而升降;一定频率的纯音、低频纯音的音调随声音强度增加而下降,高频纯音的音调则随声音强度增加而上升。

2. 音量

音量(volume)又称音强、响度,是指人耳对所听到的声音大小强弱的主观感受,如"引吭高歌""低声细语"等就是对音量的描述。音量与声源振动的强弱有关,即由振幅大小和人离声源的距离决定,振幅越大,响度越大;人和声源的距离越小,响度越大。这种感受源自物体振动时,造成空气分子不断交替的压缩和松弛,使大气压迅速产生起伏,这种气压的起伏部分,就称为声压。声压大,声音就强;声压小,声音则弱。人们为了对声音的感受量化成可以监测的指标,就把声压分成"级"——声压级,以便能客观的表示声音的强弱,其单位称为"分贝"(dB)。人耳能听见的最低声强是0 dB,普通谈话的声强是60 dB~70 dB,

多媒体技术基础教程

凿岩机、球磨机的声强为 120 dB，而使人耳产生疼痛感觉的声强则达到 120 dB。

音量的大小除了与声压有关，还与声强和声功率有关。声强是在声波传播的方向上，单位时间内通过单位面积的声能量；声功率是声源在单位时间内辐射出来的总能量。音量与声强和声功率均成正比关系。

3. 音色

音色(timbre)是人耳区别不同声源的主要依据。声音因物体材料、结构的不同而具有不同特性。每个人的声音以及各种乐器所发出的声音的区别，就是由音色不同造成的，"未见其人，先闻其声"说的就是每个人的音色都可能不一样。因此，可以把音色理解为声音的特征。

对于不同的音色，可以通过波形进行分辨。不同的振动，可组合成不同的声音。每一种乐器、不同的人的声带，以及其他所有的能振动的物体都能够发出各有特色的不同的声音，这些声音还可以用仪器显示出波形。音色本身是一种抽象的概念，但波形能把这个抽象物直观地表现出来，音色不同，则波形也不同。

3.1.4　声音的质量

声音的质量是指经传输、处理后音频信号的保真度。对模拟音频来说，再现声音的频率成分越多，失真与干扰越小，声音保真度越高，音质也就越好。对数字音频来说，再现声音频率的数据越多，误码率越小，音质越好。

不同类别声音的特点不同，音质要求也不一样。例如，语音音质保真度主要体现在不失真、再现平面声像；音乐的保真度要求较高，营造空间声像主要体现在用多声道模拟立体环绕声，或虚拟双声道 3D 环绕声等方法，来再现原来声源的一切声像。而所谓的声像，又称虚声源或感觉声源，是指乐器在声场中的发声位置点。简单来说，就是声音的方位是靠左还是靠右、靠前还是靠后。例如，精于乐感的行家或"发烧友"，即使不看舞台也能细微地分辨出，小提琴在左前方、鼓在左后方、钢琴在右前方、大提琴在右后方、长笛在中前方而黑管在中后方等声部的空间位置。利用一个完善的立体声记录和重放系统，当人们再度聆听时，仍然可以分辨出上述的各乐器的位置。这种在听音者听感中所展现的各声部空间位置，并由此而形成的声画面，通常称为声像。

3.2 数字音频基础

3.2.1 音频的数字化

由于声音是具有一定的振幅和频率且随时间变化的声波,因此,可以通过特定的拾音设备将其变成相应的电信号,如用麦克风将拾取的声波转换成随时间连续变化的电信号,但由于这种信号是模拟信号,计算机不能直接处理,因此要想把信号保存到电脑中,就需要将其转换为计算机可以识别的数字信号,即将模拟的声音信号经过模数转换器 ADC 变换成计算机所能处理的数字声音信号,然后利用计算机进行存储、编辑和处理,这一过程可以理解为将模拟声音录制为 WAV/MP3/WMA 等数字音频格式文件。这样,在数字声音回放时,再由数字—模拟转换器 DAC 将数字声音信号转换为人耳能够感知的声波信号,经放大由扬声器播出。相比模拟音频,数字音频在存储、传输和编辑过程中不会产生任何损失,因此要想把音频信号转化为数字音频文件存储在电脑中,就必须对模拟音频的波形进行数字化处理。把模拟音频信号转变为数字声音信号的过程称为声音的数字化,它是通过对声音信号进行采样、量化和编码来实现的,转换过程如图 3-2 所示。

图3-2 声音的模数转换过程

1. 采样

所谓采样,就是将随时间连续变化的模拟信号的波形大小(振幅),按一定的时间间隔采集样本值,形成在时间上离散的脉冲序列,这一操作称为采样。采样示意如图 3-3 所示。

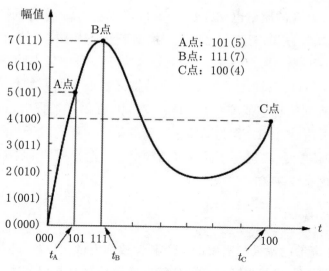

图 3-3　采样示意图

　　图中 A、B、C 三点是声波上采集的三个点，即采样点。在每一个采样点上，都可以得到一个与该时刻信号振幅对应的样本，这一对应的信号幅度值称为样本值或采样值。每一个采样点都会对应信号幅度与时间两个数值。可以想象，采集的样本值越多，对应的声音波形曲线就越趋于原始波形，信号的还原度就越好。

　　图 3-4 是声波（正弦波）的数字化过程示意图，可以帮助读者理解音频信号数字化过程中各个阶段的具体情况。

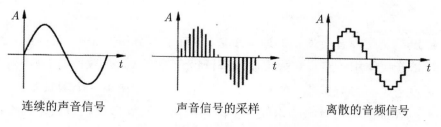

连续的声音信号　　　　声音信号的采样　　　　离散的音频信号

图 3-4　声音数字化过程示意图

2. 采样频率

　　通常，对一个模拟信号的采样是不断进行的，相邻两个采样点的时间间隔是相同的。采样点选取应有一定的规律，每隔一段时间就进行一次采样，单位时间对模拟信号的采样次数称为采样频率。理论上，采样频率越高，越有利于恢复原始信号,声音的质量也就越好,声音的保真度越高,声音的还原也就越真实,但这也意味着占用的资源会比较多。根据奈奎斯特采样定律,在进行模拟—数字信号的转换过程中,当采样频率 fs.max 大于信号中最高频率 fmax 的 2 倍时(fs.max＞2fmax),采样之后的数字信号将完整地保留原始信号中的信息。例如,人耳能听到的频率范围在 20 Hz～20 kHz,在采样过程中,若想达到好的效果,就可以采用 44.1 kHz 作为高质量声音的采样频率。对于不同频率范围的声音和不同音频质量,需选择不同的采样频率。目前常用的采样频率有 8 kHz、11.025 kHz、22.05 kHz 和 44.1 kHz 等。

3. 量化位数

存储一个离散的幅度值需要的二进制位数称为量化位数,即每个采样点能够表示的数据范围、记录采样值或取样值的字节位数。要想办法将其表示成计算机能识别的符号,就需要分配一定位数对每个幅度值进行存储。量化位数的大小决定了声音的动态范围。采样数据的量化位数越高,所记录的数字音频信息精度就越高,数字音频质量越好,但需要的存储空间也越大。

常用的量化位数有 8 位、16 位、24 位甚至是 32 位,如 8 位量化位数能记录 2^8 即 256 个数,将振幅划分成 256 个等级;16 位量化位数能记录 2^{16} 即 65536 个数,可以满足 CD 音质的要求;更专业的音频处理设备需要使用 24 位以上的量化。

4. 声道数

声道数是指声音所使用的通道个数,常有单声道和立体声(双声道)之分。单声道拾音仅使用一路音频采集设备进行拾音,而立体声(双声道)采用两个以上拾音设备进行音频采集。放音时,单声道声音只能使用一个喇叭发声(有些情况下也处理成两个喇叭输出同一个声道的声音),立体声则可以使两个以上的喇叭分别发出来自不同声道的音频,让听众更能感受到空间立体效果,听起来要比单音丰满优美,但需要两倍于单声道的存储空间。

5. 音频数据量的计算

通过对上述四个影响声音数字化质量因素的分析,声音的数据量与采样频率、量化位数、声道数都是线性递增的关系。非压缩状态下数字音频数据量的

计算公式为

数据量 = 采样频率(Hz)×量化位数×声道数×声音持续的时间(S)÷8

根据上述公式,可以计算出不同的采样频率、量化位数和声道数的各种组合情况下的数据量,如表3-2所示。多媒体应用系统中,必须从不同应用所要求的声音质量出发,选择合适的采样频率和量化位数。

表3-2　采样频率、量化位数、通道数与声音数据量的关系

采样频率(kHz)	量化位数(b)	每秒数据量(kBps)	
		单通道	双通道(立体声)
11.025	8	10.77	21.53
	16	21.53	43.07
22.05	8	21.53	43.07
	16	43.07	86.13
44.1	8	43.07	86.13
	16	86.13	172.27

6. 音频的编码

从采样和量化的过程可以看出,尽管已经用有限的值来描述音频数据了,但数字音频的数据量依然非常大,因此音频处理的关键问题就在于如何对音频数据进行压缩编码。在多媒体计算机系统中,采样、量化后的数字音频信号需要经过编码压缩后才能以音频文件的形式进行存储与传输。

编码就是按照一定的格式把经过采样和量化后得到的离散数据记录下来,同时在有用的数据中加入一些用于纠错、同步和控制的数据。为了对音频信号进行有效的压缩编码,需从采样数据中去除冗余数据,同时保证音频质量在许可的可控范围内。音频信号压缩编码主要依据是人耳的两个听觉特性:一是人的听觉系统中存在一个听觉阈值电平,人耳听不到低于这个电平的声音信号;二是人的听觉存在屏蔽效应,当几个强弱不同的声音同时存在时,弱声一般难以听到。声音编码算法就是通过这些特性去除更多的冗余数据,以达到压缩数据的目的。

一般来说,音频信号的压缩编码主要分为无损压缩编码和有损压缩编码两种类型,无损压缩编码包括不引入任何数据失真的各种熵编码;有损压缩编码又分为波形编码、参数编码和混合编码,这里主要介绍常用于音频文件的有损压缩编码中的波形编码。波形编码是利用采样和量化过程来表示音频信号的

波形，它主要根据人耳的听觉特性进行量化，以达到压缩数据的目的。波形编码的特点是适应性强，音频质量好，在较高码率的条件下可以获得高质量的音频信号，适合于高质量的音频信号，也适合于高保真语音和音乐信号。波形编码的比特率一般在 16 kbit/s～64 kbit/s 之间，它有较好的话音质量与成熟的技术实现方法。当比特率低于 32 kbit/s 的时候，音质明显降低，而低于 16 kbit/s 时音质就非常差了。常见的波形压缩编码方法有脉冲编码调制（PCM）、自适应差分脉冲编码调制（ADPCM）、增量调制编码（DM）、差值脉冲编码调制（DPCM）等。

（1）脉冲编码调制

脉冲编码调制（Pulse Code Modulation，PCM）是数字通信的编码方式之一，于 20 世纪 70 年代末发展起来并成为 CD 和 DVD 的主要音频调制模式。主要过程是将声音、图像等模拟信号每隔一定时间进行采样，使其离散化，并将采样值按分层单位四舍五入取整量化，同时将采样值按一组二进制码来表示抽样脉冲的幅值。它的采样频率从 44.1 kHz 到 192 kHz 不等，而在其输入端，需要设置滤波器，以限制仅使 20 Hz～22.05 kHz 的频率通过，这样即可以覆盖人耳可听的全部频率范围（20 Hz～20 kHz）。PCM 的音源信息完整，但冗余度过大。

PCM 的比特率（采样大小）从 14 bit 发展到 16 bit、18 bit、20 bit 直到 24 bit；采样频率从 44.1 kHz 发展到 192 kHz。因此，PCM 代表了数字音频的最佳保真水准。然而，因为输入和输出都需要设置滤波器调整频率，所以 PCM 音频的保真度会受到一定限制。PCM 的常见文件格式包括 WAV、APE 与 FLAC，它们均为无损音乐文件格式。

生活中常说的"无损音频"，一般都是指传统 CD 格式中的 16 bit/44.1 kHz 采样率文件，而之所以称其为"无损压缩"，也是因为其包含了 20 Hz～22 kHz 这个完全覆盖人耳可听范围的频率。

（2）自适应差分脉冲编码调制

自适应差分脉冲编码调制（Adaptive Differential Pulse Code Modulation，ADPCM）综合了自适应脉冲编码调制（APCM）的自适应特性和差分脉冲编码调制（DPCM）的差分特性，是一种针对 16 bit（或者更高）声音波形数据的一种有损压缩算法。它将声音流中每次采样的 16 位数据以 4 位存储，所以压缩比为 1∶4，而压缩/解压缩算法非常简单，是一种获得低空间消耗、高质量声音的优质途径。

（3）增量调制编码

增量调制编码（Delta Modulation Encoding，DM）是一种预测编码技术，是PCM的一种变形。PCM是对每个采样信号的整个幅度进行量化编码，因此它具有对任意波形进行编码的能力；DM是对实际的采样信号与预测信号之差的极性进行编码，将极性变成"0"和"1"这两种可能的取值之一。如果实际的采样信号与预测的采样信号之差的极性为正，则用1表示；相反则用0表示，或者相反。由于DM编码只需用1位对话音信号进行编码，所以DM编码系统又称为"1位系统"。

（4）差值脉冲编码

差值脉冲编码调制（Differential Pulse Code Modulation，DPCM）是指对信号值与预测值的差值进行编码，其中预测值可以通过对过去的采样值进行预测。DPCM就是将每个采样点的差值量化编码，然后用于存储和传输。由于相邻采样点的相关性较大，因此，差值较小，预测值较接近真实值，可以用较小的数据来表示，从而减少数据量。

7. 音频压缩技术标准

针对不同的应用场景需求，音频压缩技术设置了不同的标准。如表3-3所示。

表3-3　不同场景需求的音频压缩技术标准

场景	采样频率范围	编码技术
电话语音	200～3400 Hz	PCM
调幅广播	50～7000 Hz	ADPCM
高保真立体声音	50～20000 Hz	MPEG

3.2.2　音频的文件格式

音频数据是以文件的形式保存在计算机里。数字音频的文件格式主要有WAV、MP3、RA、WMA、MID和RMI等，专业数字音乐工作者一般都使用非压缩的WAV格式进行操作，而普通用户更乐于接受压缩率高、文件容量相对较小的MP3格式或WMA格式。

1. 音频文件的分类

音频文件与编解码器紧密相关,一种音频文件格式可以支持多种编码,但多数的音频文件仅支持一种音频编码。目前音乐文件播放格式分为有损压缩和无损压缩两种。使用不同格式的音乐文件,在音质的表现上有很大的差异。有损(lossy)音频压缩,顾名思义就是将声音频号使用有损伤的压缩,使用较少、有限的数据量来还原出接近原始的声音频号,以缩小保存声音频号所需的空间。由于声音是给人听的,因此有损压缩音频文件大致上都会优先保留 20 Hz~20 kHz 频率范围内的声音频号,再根据心理声学来调整声音频号,尽量减少压缩过的声音频号和原本信号听起来的差异。理论上只需要完美保留人类可以听得到、分辩得出来的信号,即使声音频号会改变,但听起来的声音效果和原始的声音频号就不会有差别。而音频的无损压缩,能够在 100% 保存原文件的所有数据的前提下,将音频文件的体积压缩得更小,而将压缩后的音频文件还原后,能够实现与源文件相同的大小、相同的码率。常用的无损压缩文件格式有 WAV、FLAC、APE、ALAC 等,常用的有损压缩文件格式有 MP3、AAC、OGG、Opus 等。

2. 有损压缩音频文件格式

(1) MP3

MP3(MPEG-1 Audio Layer 3)是网络上最常使用的音频文件格式,它可以大幅降低音频数据量,减少文件大小,方便传输。对于大多数的用户来说,经由 MP3 压缩后的音质和原本的音质差异并不大,但 MP3 文件大小却比源文件少占用了约 4 至 10 倍的空间,故受到许多用户的青睐。

MP3 之所以能够达到如此高的压缩比例,同时又能保持相当不错的音质,是因为它利用人耳听觉的特性,削减音乐中人耳听不到的成分,同时尽可能地维持原来的声音质量。

(2) AAC

AAC(Advanced Audio Coding)是一种基于 MPEG-2 的音频编码技术,专为声音数据设计的文件压缩格式。由 Fraunhofer IIS、杜比实验室、AT&T、索尼等公司共同开发,目的是取代 MP3 格式。与 MP3 不同,它采用了全新的算法进行编码,相较于 MP3,AAC 格式的音频文件音质更佳,文件更小。但由于

AAC属于有损压缩的格式,与时下流行的APE、FLAC等无损格式相比音质存在"本质上"的差距。加之,传输速度更快的USB 3.0和16 G以上大容量MP3正在加速普及,也使得AAC头上"小巧"的光环不复存在。

（3）OGG

OGG（OggVorbis）是一种先进的有损音频压缩技术,是一种完全免费、没有专利限制的开源格式。OGG编码格式远比20世纪90年代开发成功的MP3先进,它可以在相对较低的速率下实现比MP3更好的音质,因此,同样位速率（bit rate）编码的OGG文件与MP3相比听起来音质更好一些,且OGG是完全免费、开放和没有限制的。OGG格式可以对所有声道进行编码,支持多声道模式,而不像MP3只能编码双声道。多声道音乐会带来更多临场感,欣赏电影和交响乐时更有优势。随着人们对音质要求不断提高,OGG的优势未来将更加明显。

（4）Opus

Opus是一个有损声音编码的格式,由Xiph.Org基金会开发,之后由IETF（互联网工程任务组）进行标准化,目标是希望用单一格式包含声音和语音,取代Speex和Vorbis,且适用于网络上低延迟的即时声音传输。Opus格式是一个开放格式,使用上没有任何专利或限制。Opus在更高的比特率下,已被证明具有优异的音质,而它的音频格式比AAC、HE-AAC和Vorbis更具有竞争力。

（5）WMA

WMA（Windows Media Audio）是微软的一款音频文件格式。WMA格式压缩率一般可以达到1:18,生成的文件大小只有相应MP3文件的一半。此外,WMA格式还可以通过DRM（Digital Rights Management）方案加入防止拷贝,或者加入限制播放时间和播放次数,甚至是播放机器的限制,可有效地防止盗版。实际上,WMA格式不仅仅是音频文件格式,它和AVI格式、MP4格式一样,是有声音、有图片的,其本身也是视频文件格式。

（6）ASF

ASF（Advanced Streaming Format）高级串流格式,是Microsoft为Windows 98所开发的串流多媒体文件格式,是一个开放标准,能依靠多种协议在多种网络环境下支持数据的传送。ASF是微软公司Windows Media的核心,这是一种包含音频、视频、图像以及控制命令脚本的数据格式,同WMA及WMV可以互换使用。利用ASF文件可以实现点播功能、直播功能以及远程教育,具有本地或网络回放、可扩充的媒体类型等优点。

3. 无损压缩音频文件格式

(1) WAV

WAV(Wave Form)文件,也称为波形文件,文件是在PC机平台上很常见的、经典的多媒体音频文件,是最早于1991年8月由微软公司专门为Windows开发的一种标准数字音频文件,该文件能直接存储声音波形,支持多种压缩算法,支持多种音频采样位数、采样频率和声道,并能保证声音不失真。WAV格式对音频流的编码没有硬性规定,支持非压缩的PCM脉冲编码调制格式,还支持压缩型的微软自适应差分脉冲编码调制Microsoft ADPCM和其他多种压缩算法。MP3编码同样也可以运用在WAV中,只要安装相应的Decode指令,就可以播放WAV中的MP3音乐。

(2) FLAC

FLAC(Free Lossless Audio Codec)是一套著名的自由无损压缩音频格式。不同于其他有损压缩编码,FLAC不会破坏任何原有的音频信息。这种压缩的方式与ZIP类似,但FLAC的压缩率大于ZIP和RAR,因为FLAC是专门针对PCM音频的特点设计的压缩方式,而且可以使用播放器直接播放FLAC压缩的文件,就像通常播放MP3文件一样。目前,已有许多汽车播放器和家用音响设备支持FLAC,在FLAC的网站上可以找到这些设备厂家的链接。

(3) APE

APE是一种无损压缩格式,适用于最高品质的音乐欣赏及收藏。APE由软件Monkey's Audio压制得到,源代码开放,开发者为Matthew T. Ashland,因其界面上有只猴子标志而出名。因出现较早,压缩比远低于其他格式,能够做到真正无损,有着广泛的用户群。在现有不少的无失真压缩方案中,APE是一种有着突出性能的格式,相较同类文件格式FLAC,APE具有查错能力但不提供纠错功能,能保证文件的无损和纯正;其另一个特点是压缩率约为55%,比FLAC高,体积大概为原CD的一半,便于存储。令人满意的压缩比以及飞快的压缩速度,成为了不少用户私下交流发烧音乐的一个选择。

(4) ALAC

ALAC(Apple Lossless Audio Codec)是苹果公司开发的一种无损音频格式,该格式可以使用Apple公司的iTunes软件从WAV、APE、FLAC无损音乐格式转码获得。常见 ALAC 编码音频文件同 AAC 编码音频均采用 m4a 容器封装。与当前流行的 MP3 格式相比,其在编码过程中,ALAC 会如实记录,不会删除音频中任何细节数据,而 MP3 会取消小部分高频及低频部分的音频数据。由于资料无损,ALAC 音频文件大小会比 MP3 大,通常每片音乐 CD(约 70 至 80 分钟)经 ALAC 编码后,音频文件大小约 300 MB。

4. MIDI

MIDI(Musical Instrument Digital Interface)即乐器数字接口,可以看成是一种交流协议、一种通信标准或一种技术,但它并不是单指某个硬件设备,是一种利用合成器产生的音乐技术,即利用数字信号处理技术合成各种各样的音效,如模仿钢琴、小提琴、小号等许多乐器的音色,以及超越时空的太空音乐。MIDI 传输的不是声音波形信号,而是音符、控制参数等指令,用来指示 MIDI 设备做什么、如何做。

MIDI 的发明者是美国的加州音乐人 Dave Smith。20 世纪 80 年代之前,音乐人没法同时操纵多个乐器,因为当时各种乐器是不可连接的,需要左右手同时弹奏两个键盘。此后,合成器制造商 Dave Smith,说服了唱片商采用了一种叫作"乐器数字接口"的通用格式,这种格式能够让合成器受到外部键盘信号控制,可以由唱片商的竞争对手制作,甚至直接从电脑输出。它是各种电子乐器之间以及它们与计算机之间用来互相沟通的一种语言,可以使不同厂家生产的电子音乐合成器互相发送和接收音乐信息,并且还能满足音乐创作和长时间播放音乐的需要。MIDI 能让人们在自己家里进行音乐创作,使人们终于能够把合成器和鼓机连接到电脑上。于是,MIDI 很快变成了连接各种型号的合成器、鼓机、采样数据和计算机的产业标准。目前,MIDI 已成为编曲界使用最广泛的音乐标准格式。

MIDI 音乐文件以 MID、RMI 为扩展名。MIDI 的特点是其文件内部记录的是演奏数字音乐的全部动作过程,如音色、音符、延时、音量和力度等信息,所以 MIDI 的数据量相当小。一首完整的 MIDI 音乐文件大小约几十 KB,而能包含数十条音乐轨道。几乎所有的现代音乐都是用 MIDI 加上音色库来制作合成的。MIDI 传输的不是声音信号,而是音符、控制参数等指令,它指示 MIDI 设备要做什么、怎么做,如演奏哪个音符、多大音量等。它们被统一表示成 MIDI 消息(MIDI Message)。

无损音乐和有损音乐有何不同？一种音频文件格式可以支持多种编码吗？如需要保证音乐的原始质量,应当选择哪几种格式音频文件会比较好呢？

3.3　音频处理软件

3.3.1　音频处理常用软件简介

近年来,随着网络短视频的兴起,各类音视频软件及其新版本层出不穷。对于音频处理软件来说,大致可分为这样几种类型:音频播放类、音频格式转换类、音频编辑类和效果器插件类等。下面,针对每个音频软件类别分别介绍几款代表性软件。

1. 音频播放类软件

当今主流的音乐软件有很多,市场份额比较大的音乐软件有酷狗音乐、QQ音乐、天天动听、酷我音乐、多米音乐等。一款好的音乐软件应需要具备海量的音乐资源、优质的输出音质以及体验良好的功能界面。

(1) 酷狗音乐

酷狗音乐(见图3-5)在资源方面较为丰富,内含海量电台和MV,视听资源遍布全球,可以提供海量在线正版音乐给用户试听。酷狗音乐有电脑端软件和手机端APP,下载安装非常方便且免费,用户可以利用酷狗音乐下载高品质音乐。酷狗音乐独创的卡拉OK歌词功能,以及手机铃声制作、MP3格式转换等功能,为用户提供了优质的一站式音乐服务。

图 3-5　酷狗音乐 LOGO

（2）酷我音乐

酷我音乐（见图 3-6）较早使用 MV 视频，MV 支持伴唱，音质好、曲库较丰富、下载快、界面简洁、容易上手、搜索框明显、方便用户使用、功能全面。酷我音乐同样包含了大量的音乐资源，能够满足用户多种听歌需求，可以为用户提供不同类型的歌曲，带来最贴心的使用体验。不足之处是 MV 播放前有广告，曲库不够全，不支持音效插件。

图 3-6　酷我音乐 LOGO

（3）QQ 音乐

QQ 音乐（见图 3-7）是腾讯音乐娱乐集团推出的网络音乐平台，该平台支持在线音乐和本地音乐的播放，并具有音乐云同步、正版乐库、音乐社区、电台、桌面歌词、歌曲下载等服务功能,曾获2017年TechWeb第六届"鹤立奖"最具影响力互联网服务奖。2016年1月15日,酷狗音乐、酷我音乐与QQ音乐签署相互转授权协议,授权音乐版权数量超过100万首。

图3-7　QQ音乐LOGO

（4）千千音乐（百度音乐PC端）

千千音乐的前身是千千静听播放器,是一款非常优秀经典的音乐播放器,深受新老用户的喜爱与怀念。千千静听播放器占内存极少,步骤界面操作简单。2013年7月,百度音乐旗下PC客户端"千千静听"正式进行品牌切换,更名为百度音乐PC端。此次品牌切换增加了独家的智能音效匹配和智能音效增强、MV功能、歌单推荐、皮肤更换等个性化音乐体验功能。2018年6月19日,太合音乐集团旗下百度音乐正式进行品牌升级,百度音乐变身为"千千音乐",同时启用全新的LOGO和域名(见图3-8)。千千音乐是百度针对千千静听重新打包整合的一个全新音乐类客户端产品,这使得它从播放工具升级成了互联网音乐产品。

图3-8　百度音乐和千千音乐LOGO

2. 音频格式转换类软件

不同的软件或者硬件会产生不同的音频文件,而各个设备之间一般不能兼容,这个时候音频格式转换软件就发挥了很大作用。音频格式转换软件是专门针对音频文件格式转换而开发的,可以将不兼容的格式转换为兼容的格式,这样由不同软件或者硬件产生的文件就可以在同一个设备进行播出了。

(1) 格式工厂

格式工厂(Format Factory)是一款功能较为全面的格式转换软件,支持转换几乎所有主流的多媒体文件格式,包括:视频 MP4、AVI、3GP、WMV、MKV、VOB、MOV、FLV、SWF、GIF;音频 MP3、WMA、FLAC、AAC、MMF、AMR、M4A、M4R、OGG、MP2、WAV、WavPack;图像 JPG、PNG、ICO、BMP、GIF、TIF、PCX、TGA等(见图3-9)。新版本格式工厂中,更对移动播放设备做了补充,如iPhone、iPod、PSP、魅族、手机等,用户不需要去研究不同设备对应什么播放格式,直接从格式工厂的列表中选择设备型号,就能轻松开始转换,从而使软件能够更方便地实现广大移动用户的需求。

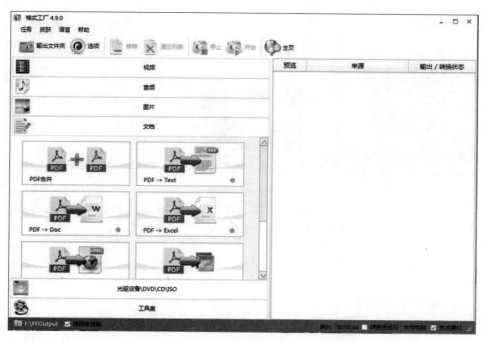

图3-9　格式工厂软件主界面

（2）影音转码快车

影音转码快车（MediaCoder）是一个基于众多优秀开源编解码后台的免费通用音频/视频批量转码软件，它将众多来自开源社区的优秀音频视频编解码器和工具整合为一个通用的解决方案，可以将音频、视频文件在各种格式之间进行转换（见图3-10）。

支持的音频源文件格式有MP3、OGG/Vorbis、AAC，AAC＋/PS、Muse-Pack、WMA、RealAudio、FLAC、WavPack、APE/APL、WAV等。

支持的目标音频格式包括：① 有损文件格式：MP3（Lame）、OGG/OGM（Vorbis）、AAC（iTunes、Nero AAC Encoder、FAAC）、AAC＋/Parametric Stereo（CT、Helix）、MusePack、WMA；② 无损文件格式：FLAC、WavPack、Monkey's Audio（APE）、WMA Lossless与WAV。

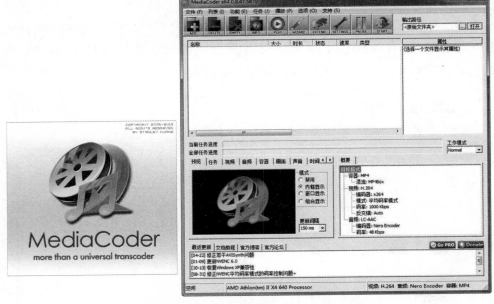

图3-10　影音转码快车软件LOGO及主界面

3. 音频编辑类软件

音频编辑类软件可以对音频文件进行剪辑，包括对现有音频文件进行裁剪、复制/粘贴、连接、合成及各种特效处理，得到新的音频文件。常用的音频处理软件有 Adobe Audition、GoldWave、Pro Tools、Cakewalk、NGWave、Audio

Editor、All Editor 等。

（1）Adobe Audition

Adobe Audition（简称 Au，前身是 Cool Edit Pro）是 Adobe 公司出品的专业音频编辑软件（见图3-11）。无论是录制音乐、无线电广播，还是为录像配音，Audition 均可提供较为全面的支持功能，创造高质量的丰富、细微音响。Audition 专为在照相室、广播设备和后期制作设备方面工作的音频和视频专业人员设计，可提供先进的音频混合、编辑、控制和效果处理功能。可编辑单个音频文件，创建回路并可使用45种以上的数字信号处理效果，最多混合128个声道。Audition 是一个完善的多声道录音室，可提供灵活的工作流程并且使用简便。

图3-11　Adobe Audition 2020软件启动界面

（2）GoldWave

GoldWave 是一个功能强大的数字音乐编辑器，集声音的编辑、播放、录制和转换为一体，还可以对音频内容进行转换格式等处理（见图3-12）。它体积小巧，功能却无比强大，支持许多格式的音频文件，包括 WAV、OGG、VOC、IFF、AIFF、AIFC、AU、SND、MP3、MAT、DWD、SMP、VOX、SDS、AVI、MOV、APE 等音频格式。软件支持从 CD、VCD 和 DVD 或其他视频文件中提取声音。内含较丰富的音频处理特效,包括如多普勒、回声、混响、降噪等。

图3-12 GoldWave软件LOGO

(3) Pro Tools

Pro Tools是Avid公司出品的工作站软件系统,最早只是在苹果电脑上出现,后来也有了PC版(见图3-13)。Pro Tools软件内部算法精良,对音频、MIDI、视频都可以很好地支持,由于其算法的不同,单就音频方面来讲,其回放和录音的音质,优于PC上流行的各种音频软件,可加载的插件质量较高。世界各地的许多音乐制作人都选用Pro Tools来进行音乐的后期处理。

图3-13 Pro Tools 12软件主界面

4. 音频效果器类软件

音频效果器类软件主要是指各类音频软件的第三方插件,它们可以在不同的音乐软件平台上进行各种丰富的音频效果处理,拓展音频软件的功能。音频插件由硬件设备发展而来,在硬件物理设备中,机器对模拟信号进行处理,从而生成或改变声音。后来出现了软件形式的插件,则是对数字信号进行处理,可在电脑上安装运行。这些效果器类音频软件非常丰富,且针对不同软件平台进行开发。这里按功能以虚拟录音棚技术(Virtual Studio Technology,VST)为例做简单介绍,VST 概念通常泛指 VST 和 VSTI。VST 是一种软件效果器技术,安装 VST 插件后,可以对已有的声音进行各种效果处理;VSTI(Virtual Studio Technology Instruments)是一种虚拟乐器技术,安装 VSTI 插件后,可以生成各种数字化声音。常见的效果器软件有 TC Works 公司推出的 TC Native 系列音效器插件,VST 系列软件等。

3.3.2　音频处理软件应用实例

上述各类常用音频处理软件中,音频播放类软件大家最为熟悉,而效果器类软件大家接触较少,因此,这一节将重点介绍音频转换与编辑软件的应用。

1. 音频格式转换软件的应用

尽管目前各类音频播放软件都支持多种音频文件格式,但在日常生活学习中依然会遇到许多需要进行音频文件格式转换的情境。比如,目前网络有很多 APE 格式的无损音乐文件,这个格式的文件音质很好,但是相对于 MP3、WMA 等有损音频文件来说体积要偏大很多,且容错性较差,使用范围有限,对于储存空间相对紧张的移动多媒体播放器来说,MP3、WMA 等文件体积较小的格式更为合适;此外,APE 等文件在有些音响设备上也不支持。这些时候,需要考虑进行音频文件格式转换,把 APE 转换成 MP3 或者 WMA 等兼容性较强的音频文件格式。下面,以格式工厂软件为例,具体介绍如何将 APE 格式文件转换为 MP3 格式文件。

（1）软件下载安装

格式工厂软件支持几乎所有类型的多媒体格式,官方网站地址是 http://

www.pcfreetime.com/。下载后得到安装文件FormatFactory_setup.exe，双击选择安装路径后即可一键安装（见图3-14）。

图3-14　格式工厂软件安装主界面

（2）导入APE格式音频文件

安装完成后，打开格式工厂软件主界面，如图3-15所示。

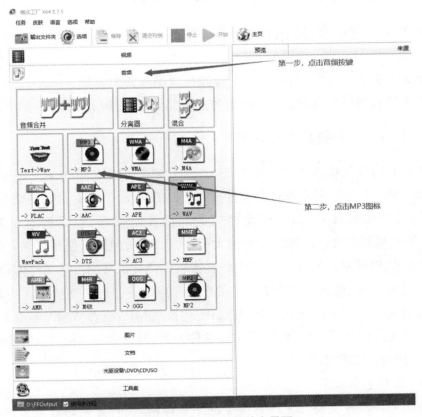

图3-15　格式工厂软件主界面

选择左侧音频面板,点击想要转换的目标文件格式(MP3),弹出如图3-16所示的文件导入对话框,点击"添加文件",选择需要进行格式转换的文件。

图3-16　格式工厂软件文件导入界面

(3) 格式转换

导入需要转换的音频文件后,单击界面右上方的"输出设置",可以对该文件的转换进行设置,提前设定导出文件的音频质量与文件大小,包括音频的采样率、比特率、声道数量及音量等,如图3-17所示。

图3-17　文件导出设置对话框

第3章　音频信息处理技术

音频设置完毕后,点击确定,关闭设置对话框,自动返回文件导入主界面,在界面左下角点击目标文件存储位置图标,如图 3-18 所示,默认位置为"D:\FFOutput",点击"确定",返回软件音频转换主界面。

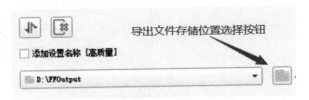

图 3-18　导出文件存储位置选择按钮

这时,可以看到在主界面右侧已经出现了即将转换的音频工程项目,如图 3-19 所示。点击界面上方"开始"按钮,即可完成音频文件格式转换。

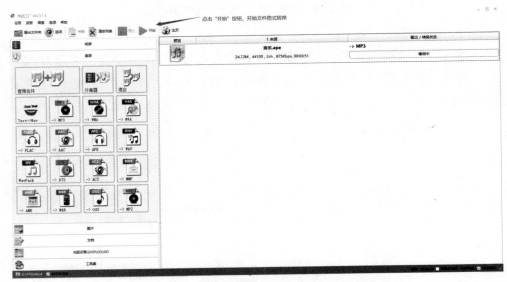

图 3-19　格式工厂软件文件音频转换主界面

转换完成后,打开 D:\FFOutput 文件夹,即可看到转换后的 MP3 文件,如图 3-20 所示,文件已由原先 25 MB 的 APE 格式文件转换为仅有 9 MB 左右的 MP3 格式文件。

图 3-20　转换后的 MP3 格式文件

2. 音频编辑软件的应用

在日常生活中，经常需要对现有的一些音频文件进行编辑处理，包括截取、删减、合并多个音频文件、去除音频杂音等，这就需要用到音频编辑软件。尽管上述音频格式软件中也会包含诸多剪辑功能，但对于一些音频编辑的复杂任务，通常会选择使用相对专业的音频编辑软件来完成。下面以 Adobe Audition 软件为例，介绍音频截取、去除杂音的具体操作方法。

案例应用软硬件环境：Windows 10（专业版64位）、Adobe Audition 2020。

具体操作步骤如下：

步骤1：在电脑中打开"Adobe Audition 2020"软件。在主界面的文件面板空白处双击，如图3-21所示，打开资源管理器对话框。

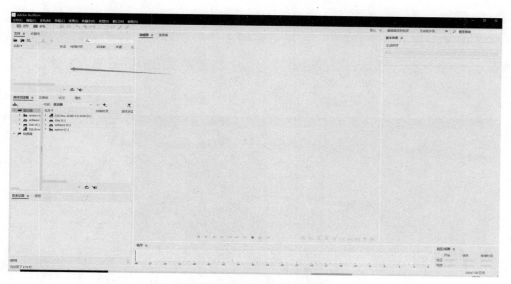

图3-21 Adobe Audition 2020主界面

步骤2：在打开的资源管理器对话框中双击需要剪切的音频文件，导入需要剪辑的音频文件，如图3-22所示。此时在编辑器面板中可以看到音频文件的波形，波形上方横向标记是时间线标记，时间线标记上的三角形代表着此刻的播放位置，在此面板下方是一系列播放与浏览按钮，按下播放按钮可以试听音频波形，图中箭头标注的按钮为放大波形按钮，点击后可以横向放大波形以方便选择。

第3章　音频信息处理技术

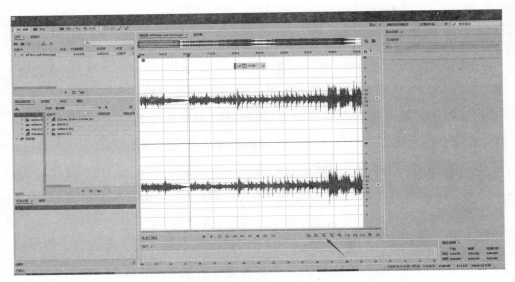

图3-22　导入音频文件

步骤3：在试听了音频后，用鼠标左键按住需要剪辑音频的波形起始位置不放，一直拖拽选择到需要截取音频的结束位置即可选中所需的音频片段，如图3-23所示。

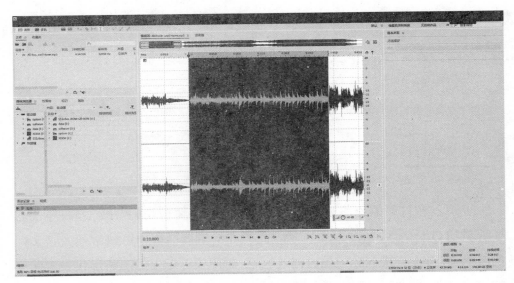

图3-23　选中需要截取的音频波形

多媒体技术基础教程

步骤4：在选中截取的音频片段后，在选中音频波形上点击鼠标右键，此时就可以针对此段选中的音频进行删除、剪切、复制、静音、降噪、另存为等系列操作，如图3-24所示。

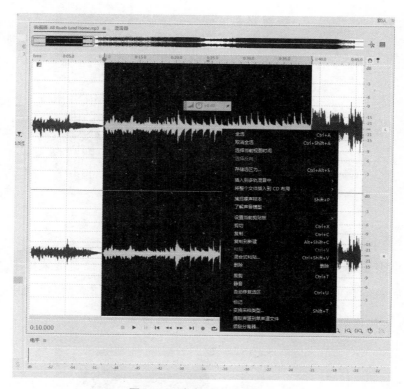

图3-24　选中所需音频片段

在掌握了上述音频选择的基本操作后，下面具体来看如何删除音频片段、调整音频片段位置、截取音频片段和进行基本的降噪处理。

（1）Adobe Audition音频片段的删除

当遇到音频中有杂音或者不想要的片段时，就可以在上述选择操作完成后，点击右键选择"删除"，这样被选中的音频波形就会被直接删除，在默认情况下，后续音频会自动补位，如图3-25所示。

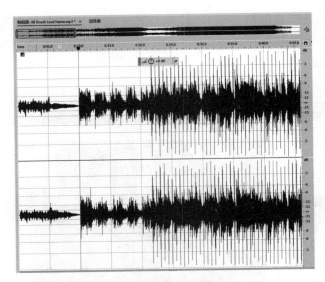

图 3-25 删除选中音频波形

（2）Adobe Audition 音频片段的位置调整

如果需要将选中的音频片段调整位置，那么就可以在右键菜单中选择"剪切"，然后将红色时间指针调至想要插入的位置，右键单击"粘贴"，如图 3-26 所示，即可实现音频片段的插入，从而调整片段的位置。

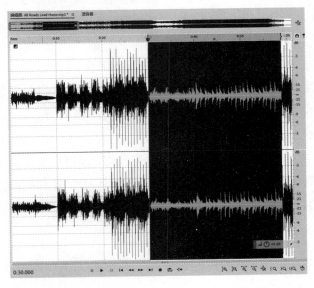

图 3-26　Adobe Audition 2020 在任意位置插入音频片段

（3）Adobe Audition音频片段的截取

如果需要截取音乐中的部分片段,比如截取歌曲《我爱我的祖国》中的片段作为手机铃声,也可以按照上述步骤,在选中的片段上选择右键菜单中的"存储选区为",弹出保存对话框,如图3-27所示,重新命名音乐片段名,选择保存位置和格式,点击"确定",这时所选中的这段波形就可以另存为一个新的音频文件。

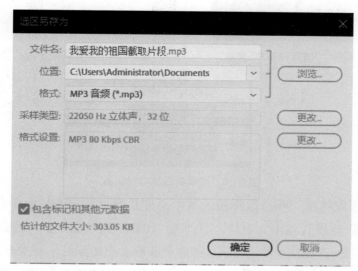

图3-27　Adobe Audition 2020选中音频波形另存为新文件

（4）Adobe Audition音频降噪应用

在录制音频时,难免会录入大量噪音,对于一些难以避免的电流噪音或者持续的环境噪音,比如交流电、空调等产生的嗡嗡声,这就需要在选中音频后对其进行降噪处理,降噪处理的方法有很多,这里介绍两种最常用且简单的方法。

① 滤镜法。滤镜法是利用软件附带的降噪效果进行降噪,常用的有"降噪""自适应降噪"等。这里以"降噪/恢复(N)"为例,首先选中需要降噪的音频波形后,点击上方"效果"菜单,找到"降噪/恢复(N)—消除嗡嗡声"(见图3-28),弹出"消除嗡嗡声"对话框,这里通常选择默认效果(见图3-29),即可直接消除嗡嗡的底噪声。通过噪声消除后的波形可以看出,原先整个波形中部持续嗡嗡的波形已被删除(见图3-30)。

第3章　音频信息处理技术

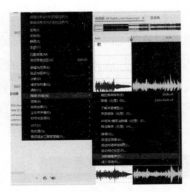

图3-28　"消除嗡嗡声"菜单

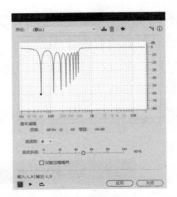

图3-29　"消除嗡嗡声"设置对话框

降噪前

降噪后

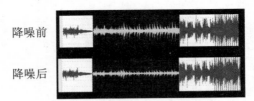

图3-30　降噪前后波形对比图

　　② 噪音取样法。噪音取样法的基本原理是通过捕捉音频中噪音片段的样本,然后去除整段音频中含有样本波形相似的波形,从而达到降噪的目的。具体操作步骤是:首先选中噪音波形,在选中波形上点击鼠标右键菜单中的"捕捉噪声样本",提出如图3-31所示的提示对话框,点击"确定",然后按下快捷键"Ctrl＋A"将整段波形,或者用鼠标将需要进行降噪处理的波形选中,再打开上方菜单栏"效果—降噪—恢复/降噪(处理)",弹出如图3-32所示的对话框,选择降噪幅度与降噪比例,通常情况下选择默认效果即可,点击"应用",即可发现,所有与选择波形相同的波形都会被去除,如图3-33所示。

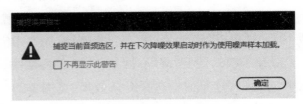

图3-31　"捕捉噪声样本"提示框

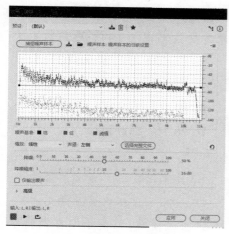

图3-32 "捕捉噪声样本"提示框

图3-33 取样降噪前后对比图

习题与思考

一、单项选择题

1. 以下哪种情况的声音的质量会更好?(　　)

    A. 采样频率越低和量化位数越低

    B. 采样频率越低和量化位数越高

    C. 采样频率越高和量化位数越低

    D. 采样频率越高和量化位数越高

2. 有关MIDI文件,以下说法正确的是?(　　)

    (1) MIDI 的全称是 Musical Instrument Digital Interface

    (2) MIDI是一种交流协议、一种通信标准

    (3) MIDI是一种压缩标准

    (4) MIDI是一种利用合成器产生的音乐技术

    A. (1)(2)(3)(4)　　　　　　　　　B. (1)(3)(4)

    C. (1)(2)(3)　　　　　　　　　　　D. (2)(3)

3. 以下哪种文件格式的音质最佳?(　　)

    A. WAV　　　　　B. MP3　　　　　C. AAC　　　　　D. RM

4. 对数字音频来说,以下哪几种情况再现声音的质量会更好?( )

 (1)采样频率高 (2)误码率小 (3)采样位数更多 (4)量化位数更大

 A. (1)(2)(3)(4) B. (1)(3)(4) C. (1)(3) D. (3)(4)

5. 人耳能听到的音频频率范围为( )。

 A. 20 Hz～20 kHz B. 10 Hz～10 kHz

 C. 20 Hz～10 kHz D. 20 Hz～200 kHz

6. 以下关于音频数字化的说法正确的是( )。

 A. 采样频率越高音频质量越好 B. 量化位数越大音频质量越差

 C. 采样频率越高音频质量越差 D. 音频文件越大音质越好

7. ( )的编码复杂度相对较高,编码不利于实时播放,但由于它在低码率条件下高水准的声音质量,使得它流行于软解压及网络广播。

 A. WMA B. MP3 C. MP4 D. AAC

8. 以下哪些软件常用来处理音频文件?( )

 (1) Adobe Audition (2) GoldWave (3) Premiere (4) Photoshop

(5) Cakewalk

 A. (1)(2)(3)(4)(5) B. (1)(2)(3)(4)

 C. (1)(2)(5) D. (1)(2)

9. ADPCM是以下哪种编码方式的简称?( )

 A. 脉冲编码调制 B. 自适应差分脉冲编码调制

 C. 增量调制编码 D. 差值脉冲编码调制

10. 2分钟、单声道、16位量化位数、22.05 kHz采样频率的声音数据量是( )。

 A. 2.646 MB B. 2.523 MB C. 5.047 MB D. 5.292 MB

11. 以下哪些文件采用的是无损压缩编码方式?( )

 (1)WAV (2)FLAC (3)MP3 (4)AAC (5)APE

 A. (1)(2)(5) B. (3)(4) C. (1)(3)(5) D. (2)(5)

12. 声波重复出现的时间间隔是( )。

 A. 振幅 B. 周期 C. 频率 D. 频带

13. 音频的数字化过程包括以下步骤( )。

 (1)采样 (2)量化 (3)编码 (4)压缩

 A. (1)(2)(3)(4) B. (1)(2)(3)

C. (1)(2)(4)　　　　　　　　　D. (2)(3)(4)

14. ( )文件格式的音频文件数据量最小。

  A. MIDI　　　　　　B. MP3　　　　　　C. WAV　　　　　　D. WMA

15. 下列四种方式采集音频的波形,( )的音频质量最好。

  A. 单声道、8位量化和22.05 kHz采样频率

  B. 双声道、8位量化和44.1 kHz采样频率

  C. 单声道、16位量化和22.05 kHz采样频率

  D. 双声道、16位量化和44.1 kHz采样频率

二、简答题

1. 如何计算音频文件的数据量?

2. 立体声与5.1声道有何区别?

3. 声波可以分为几类? 超声波有何用途?

4. 常见的有损与无损压缩音频文件格式分别有哪些?

5. 音频压缩技术的常用标准有哪些?

三、操作题

  录制一段音频,分别采用滤镜和噪音取样法去除录音中的噪声、杂音等,并对其去除效果进行对比。

第4章　图形与图像处理技术

 学习目标

◆ 能够区分矢量图与点阵图,了解什么是像素、分辨率,能够修改图像的分辨率和存储大小

◆ 知道色彩的构成元素,了解不同的色彩模式的用途及特征

◆ 掌握常见的图像格式和特点

◆ 掌握图形、图像资源获取的方法

◆ 能够用图像处理软件制作、修改、编辑图像

【知识结构图】

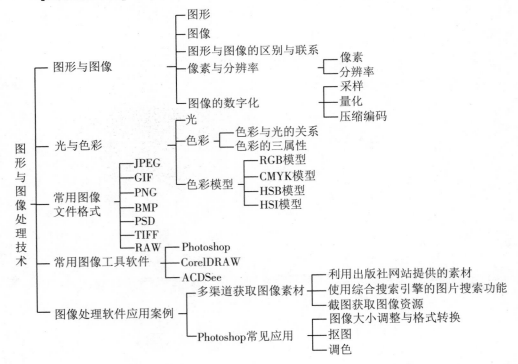

4.1　图形与图像

计算机中的图有两种形式,即图形(graph)和图像(image)。图形和图像都是多媒体系统中的可视元素,是人类视觉所感受到的一种形象化的信息,图形与图像包含的信息具有直观、形象、信息量大等特点,在多媒体应用系统中被广泛使用。图形与图像因其直观、形象的特点,不仅能使多媒体应用系统界面形象、生动,还能够增强多媒体作品内容的表现力,在某些场合可以表达文字、声音等媒体所无法表达的含义。

4.1.1　图形

图形又叫矢量图形(Vector Drawn)、几何图形或向量图,是一种以数学方法来描述、以计算机指令来表达呈现的文件。它通过计算机语言以数学的方法构成画面中所有的点、线要素,如位置、形状等,其基本组成单元是锚点和路径,如图4-1所示。

由于矢量图形中的画面元素都是通过数学关系组成的,不需要对图中每一点都进行量化保存,因此只需要让计算机知道所描绘对象的几何特征即可。例如,表示圆的图形指令 $circle(x,y,r,color)$,通过用圆心坐标(x,y)、半径r确定圆的位置、大小,用颜色编码描述圆的颜色,向计算机发出画圆的指令,计算机读取指令后在屏幕中绘制显示图形。表示线段的指令 $line(x1,y1,x2,y2,color)$,通过$(x1,y1)$,$(x2,y2)$两点坐标确定线段的两个端点位置,用颜色编码描述线段的颜色。图形的显示过程是按照图形指令的顺序进行的。因此,矢量图形的特点是文件较小且不会损失细节,画面可以任意缩放、移动、旋转等,图片中各元素的边缘都是平滑的,画面能够始终保持清晰,但不适于表现复杂的、色彩逼真的图画。由于每次调用的时候都需要重新计算,故显示的速度相对较慢。矢量图形常用于图标设计、美术字、广告设计、工程制图等领域。常用的处理软件有CorelDraw、Freehand、Illustrator、AutoCAD等。

QQ

图 4-1 矢量图形

4.1.2 图像

图像与图形的名称虽然仅有一字之差,且展现形式也非常相近,从外显画面很难区分,但两者的构成方式却完全不同。图像由描述图像中各个像素点的强度和颜色的数位集合组成,即用二进制数来定义图中每个像素的颜色、亮度等属性,如图4-2所示,因此也称为位图(bitmap)图像文件或点阵图。

在日常生活中,相机或手机拍摄出来的图片就是位图图像。通常图像文件总是以压缩的方式进行存储的,以节省内存和磁盘空间。常用的图像处理软件有Photoshop、画图程序等。

图 4-2 位图图像

4.1.3 图形与图像的区别与联系

图形与图像除了在构成原理上的区别以外,还有以下几个不同点:

第一,文件大小的区别。位图图像相较于矢量图形,色彩较逼真但占用的存储空间较大,适合表现比较细致、层次和色彩比较丰富、包含大量细节的图像,如自然风光、人物、动植物和一切引起人类视觉感受的景物等。

第二,缩放变形操作前后画质的区别。图形在进行缩放、旋转等操作后不会产生失真;而图像有可能出现失真现象,特别是放大若干倍后可能会出现严重的颗粒状,线条边缘呈现锯齿状,如图4-3所示,而缩小后还会"吃掉"部分像素点。

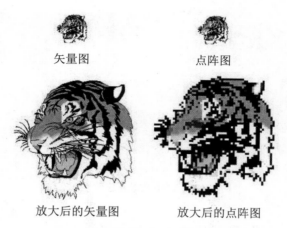

矢量图　　　　　　　　点阵图

放大后的矢量图　　　　放大后的点阵图

图4-3　缩放后的矢量图和点阵图

第三,应用领域的区别。图形适应于表现变化的曲线、简单的图案和运算的结果等;而图像的表现力较强,层次和色彩较丰富,适应于表现自然的、细节的景物。图形侧重于绘制、创造和艺术性,而图像则偏重于获取、复制和技巧性。

从广义上来看,可将图形看成图像的一个部分。图形和图像在一定范围内可相互转化。在多媒体应用软件中,目前使用得较多的是图像,它与图形之间可以用软件来相互转换。矢量图可以很容易地转化成位图,利用真实感图形绘制技术可以将图形数据变成图像,但是位图转化为矢量图却并不简单,需要利用模式识别技术,经过比较复杂的运算和手工调节才可以从图像数据中提取几何数据,把图像转换成图形。矢量图和位图在应用上是可以相互结合的,比如在矢量文件中嵌入位图实现特别的效果,又比如在三维影像中用矢量建模和位图贴图实现逼真的视觉效果,等等。

4.1.4　像素与分辨率

1. 像素

像素(pixel)是组成图像(位图或点阵图)的基本单位,在计算机的图像中这些基本单元记录着明确的位置和色彩数值。一个图像通常由许多像素组成,这些像素的颜色和位置就决定了该图像所呈现出来的样子。将像素放到足够大时,会出现的严重的颗粒状,如图4-4所示。

图4-4　位图像素缩放效果图

2. 分辨率

分辨率又称解析度、解像度,可以细分为显示分辨率、图像分辨率、打印分辨率和扫描分辨率等,如无特殊强调,主要指图像分辨率。图像分辨率是指单位长度上的图像像素的多少,即用每英寸多少点表示。对同样大小(尺寸/面积)的一幅图,如果组成该图的图像像素数目越多,则说明该图像的分辨率越高,图像就越清晰,质量也就越好。同时,它也会增加文件占用的存储空间。在现实生活中,如果图像文件所包含的像素点不足(分辨率较低),就会显得相当粗糙,特别是把图像放大到一个较大尺寸来观看的时候,图像就会呈现出类似马赛克的效果,线条边缘出现锯齿状。所以在图片创建期间,必须根据图像最终的用途决定相应的分辨率。这里的技巧是要保证图像包含足够多的数据,能满足最终输出的需要;同时要适量,尽量少占用一些计算机的资源。图像最终的显示效果总要通过印刷或显示器才能观察到,图像的显示效果与打印的分辨率与显示设备的分辨率密切相关,图像的显示大小取决于图像实际的分辨率显示设备(或打印)的分辨率。

描述分辨率的单位有:DPI、LPI、PPI和PPD。其中,LPI(Lines Per Inch, LPI)是用来描述光学分辨率的尺度的参数。在表示图像分辨率时,常用每英寸像素(Pixel Per Inch,PPI)和每英寸点(Dot Per Inch, DPI)两种表示方式。PPI指图像每英寸包含的像素数,用来表示图像单位包含的像素数及信息量。

DPI又称输出分辨率,用来表示输出设备所能处理的每英寸所含的点的数目,如打印机。PPI和DPI经常会出现混用现象,但一般来说,DPI"点"用于打印或印刷领域,PPI"像素"则用于图像领域。

4.1.5　图像的数字化

图像只有经过数字化后才能成为计算机处理的位图。自然景物成像后的图像无论以何种记录介质保存都是连续的。从空间上看,一幅图像在几维空间上是连续分布的,从空间的某一点位置的亮度来看,亮度值也是连续分布的。图像的数字化就是把连续的空间位置和亮度离散,它包括两方面的内容:空间位置的离散和数字化,亮度值的离散和数字化。图像的数字化过程主要分为采样、量化与压缩编码三个步骤。

1. 采样

采样的实质就是要用多少像素点来描述一幅图像,采样结果质量的高低就是用图像分辨率来衡量。把一幅连续的图像在水平和垂直方向上等间隔地分成 $m×n$ 个网格,如图4-5所示,所形成的微小方格称为像素点,一幅图像就被采样成有限个像素点的集合。其中,每个网格用一个参数值表示,这样一幅图像就要用 $m×n$ 个亮度值表示,这个过程称为采样。例如,一副1920像素×1080像素分辨率的图像,表示这幅图像是由 $1920×1080=2073600$ 个像素点组成。只有正确选择 m、n,才能使数字化的图像质量损失最小,显示时才能得到完美的图像质量。

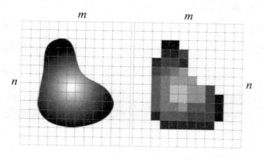

图4-5　图像采样示意图

采样频率越高,得到的图像样本越逼真,图像的质量越高,但要求的存储量也越大。在进行采样时,采样点间隔大小的选取很重要,它决定了采样后的图像能否真实地反映原始图像。一般来说,原图像中的画面越复杂,色彩越丰富,则采样间隔应越小。

2. 量化

量化是指要使用多大范围的数值来表示图像采样之后的每一个点。量化的结果是图像能够容纳的颜色总数,它反映了采样的质量。以灰度图像为例,如图 4-6 所示,把灰度分成 k 个区间,某个区间对应相同的灰度值,则共有 k 个不同的灰度值,这个过程称为量化。

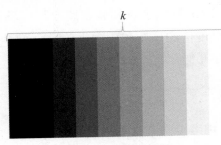

图 4-6　灰度等级图

影响图像数字化质量的主要参数有分辨率、颜色深度等,前文已述及分辨率,这里重点说明颜色深度。理论上讲,颜色数量越多,图像色彩越丰富,表现力就越强,但数据量也越大。图像深度描述的是图像中每个像素的数据所占的二进制位数,也称为颜色深度。对于本例中的灰度图像来说,颜色深度决定了该图像可以使用的亮度级别数目。对于彩色图像来说,颜色深度决定了该图像可以使用的最多颜色数目。颜色深度值越大,显示的图像色彩越丰富,画面越自然、逼真,但数据量也随之激增。在实际应用中,彩色图像或灰度图像的颜色分别用 4 位、8 位、16 位、24 位和 32 位等二进制数表示。例如,如果以 4 位存储一个点,就表示图像只能有 $2^4=16$ 种颜色;若采用 16 位存储一个点,则有 $2^{16}=65536$ 种颜色。所以,量化位数越大,表示图像可以拥有更多的颜色,自然可以产生更为细致的图像效果,但是也会占用更大的存储空间。事实上,图像的颜色深度达到或高于 24 bit 时,就能基本还原自然影像,颜色的数量就足够用了。太高的颜色深度远远超出人眼能识别的范围,意义并不大。

3. 压缩编码

经过采样、量化后得到的图像数据量依然十分庞大,必须采用编码技术来压缩其信息量。压缩编码是指在满足一定保真度的要求下,对图像数据进行变换、编码和压缩,去除多余数据以减少表示数字图像时需要的数据量,以便于图像的存储和传输,即以较少的数据量有损或无损地表示原来的像素矩阵的技术,也称图像编码。

在多媒体应用软件的设计过程中,要考虑到图像的大小,去适当地掌握图像的宽、高和颜色深度。如果对图像文件进行压缩处理,则可以大大减少图像文件所占用的存储空间。在一定意义上讲,编码压缩技术是实现图像传输与储存的关键。已有许多成熟的编码算法应用于图像压缩,分为可逆和不可逆两种类型。一类压缩是可逆的,即从压缩后的数据可以完全恢复原来的图像,信息没有损失,称为无损压缩编码;另一类压缩是不可逆的,即从压缩后的数据无法完全恢复原来的图像,信息有一定损失,称为有损压缩编码。例如,JPEG 就是一个比较成熟的图像有损压缩格式,图片经过转化变为 JPEG 图像后,仅会丢失人眼不易察觉的一些细节,在图像的清晰与大小中找到了一个很好的平衡点。JPEG 是联合图像专家小组(Joint Photographic Experts Group)的英文缩写,该小组隶属于 ISO 国际标准化组织,主要负责定制静态数字图像的编码方法,即所谓的 JPEG 算法。JPEG 专家组开发了两种基本的压缩算法、两种熵编码方法、四种编码模式。在实际应用中,JPEG 图像编码算法使用的大多是离散余弦变换、Huffman 编码、顺序编码模式,这些被人们称为 JPEG 的基本系统。

4.2 光与色彩

图形和图像都是可视元素,视觉的呈现自然离不开光和色彩。本节将重点介绍色彩形成的原因,以及在图形与图像处理中常见的色彩模型。

4.2.1　光

光的本质是电磁波。广义上,光是指所有的电磁波谱。狭义上,光是人眼睛可以看见的一种电磁波,也称可见光。一般人的眼睛所能接受的光的波长为400～700纳米。红外线、紫外线、伦琴射线等都属于不可见光。红外线频率比红光低,波长更长;紫外线、伦琴射线等频率比紫光高,波长更短。光谱(spectrum)是复色光经过色散系统(如棱镜、光栅)分光后,被色散开的单色光按波长(或频率)大小而依次排列的图案,全称为光学频谱,如图4-7所示(书后附有彩图)。简单地说,就是人眼可见的红、橙、黄、绿、青、蓝、紫七色光,以及不可见的红外线、紫外线和X光等经过分离显示出的数据。光谱中最大的一部分可见光谱是电磁波谱中人眼可见的一部分,在这个波长范围内的电磁辐射被称作可见光。

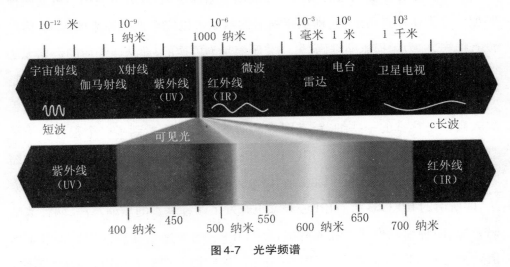

图4-7　光学频谱

4.2.2　色彩

色彩是人的眼睛对于不同频率的光线的不同感受,色彩既是客观存在的(不同频率的光),又是主观感知的,有认识差异。

1. 色彩与光的关系

人的视觉系统所感受到的色彩即是光的颜色。人对色彩的感觉过程是一个物理、生理和心理的复杂过程。在自然世界中,人们看到的色彩大多数是由多种不同波长的光组合而成的。生理学研究表明,人的视网膜有两类视觉细胞:一类是对微弱光敏感的杆状体细胞;另一类是对红色、绿色和蓝色敏感的三种锥体细胞。锥体细胞主要集中于视网膜的中央区,它含有三种感光蛋白原,在接受光的刺激后,形成神经兴奋,传达到大脑皮质中的视觉中枢而产生色彩视觉。由于杆状细胞和锥体细胞多少的不同,每个人之间会形成视觉差异。因此,从这个意义上说,颜色只存在于人的眼睛和大脑中。对于客观的光而言,颜色就是不同波长的电磁波。光的波长与人的颜色感觉之间的关系,如表4-1所示。

表4-1 光的波长与颜色关系

颜色	红色	橙色	黄色	绿色	青色	蓝色	紫色
波长(nm)	700	620	580	546	480	436	380

2. 色彩的三属性

光的波长决定色相,光的强弱决定明度,而光波长的饱和度决定了纯度。自然界存在的所有的颜色都可以利用色相、亮度和饱和度这三种属性来分析,这三要素被称为色彩的三属性。人眼看到的任一彩色光都是这三种特性的综合效果,这三种特性即是色彩的三要素,其中色相与光波的频率有直接关系,亮度和饱和度与光波的幅度有关。

(1)色相

色相与亮度和饱和度无关,简单来说,就是指红色、蓝色等色彩的名称。将色相按波长进行循环排列,就形成了色相环。通常,通过光谱显示的颜色可以分为红色、黄色、蓝色、紫色等色相,而实际上在这几个色相之间还存在着无数不知名的颜色。色相与光线的波长大小密切相关,其中波长较长的色相为红色,波长较短的色相为蓝色,适中的波长为绿色。把红、橙、黄、绿、蓝、紫和处在它们各自之间的红橙、黄橙、黄绿、蓝绿、蓝紫、红紫这6种中间色——共计12种色,作成色相环如图4-8所示(书后附有彩图)。在色相环上排列的色是纯度高的色,被称为纯色。

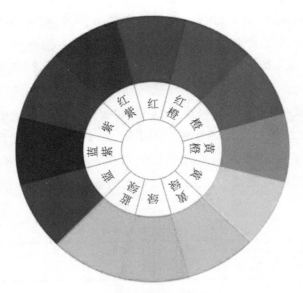

图4-8　12色相环

（2）明度

明度就是用来表示某种颜色在人眼视觉上引起的明暗程度，它与光的强度直接有关。具体来说，人们看到的物体的颜色必须在具备光线的条件下，物体表面吸收或者反射光线的状态决定该物体的颜色；若某种物体能够吸收所有进入的光线，即不反射任何颜色，就形成了黑色；相反，若物体反射了所有进入的光线，则这些反射的光线就形成了白色；反射的光线强弱不同使物体所呈现的光亮不同，从而生成亮色与暗色，这就是色彩的明度。例如，前文的图4-6将黑白灰划分成10个等级。比较明亮的被称为高明度，呈现白色，比较暗的被称为低明度，呈现黑色，介于中间的被称为中明度，呈现灰色；在所有色彩中，黄色明度最高，紫色明度最低。

（3）饱和度

饱和度也称为纯度或彩度，它是指彩色的深浅或鲜艳程度。对于同一色调的彩色光，饱和度越深颜色越纯。比如当红色加进白光后，由于饱和度降低，红色被冲淡成粉红色。饱和度的增减还会影响到颜色的亮度，比如在红色中加入白光后增加了光能，因而变得更亮了。所以如果在某色调的彩色光中掺入别的彩色光，会引起色调的变化，而掺入白光时仅引起饱和度的变化。

此外，根据色环的色彩排列，相邻色相混合，饱和度基本不变；如红色和黄色相混合，将得到相同纯度的橙色，如图4-9所示。对比色相混合，最易降低饱和度,以至成为灰暗色彩;又如红色和绿色混合,则得到黑色,如图4-10所示。色彩的饱和度变化,可产生丰富的强弱不同的色相,而且使色彩产生韵味与美感(书后附有彩图)。

图4-9　红色与黄色混合效果图　　　图4-10　红色与绿色混合效果图

4.2.3　色彩模型

色彩模型指的是某个三维颜色空间中的一个可见光子集,它包含某个色彩域的所有色彩。一般而言,任何一个色彩域都只是可见光的子集,任何一个颜色模型都无法包含所有的可见光。色彩模型通常侧重色彩的生成描述,常见的色彩模型有RGB、CMYK、HSI、HSB等。

1. RGB模型

RGB模型是基于红、绿、蓝三种颜色建立的,也称加色模型,从理论上来说,所有的颜色都可以通过这三种颜色按照不同比例混合而成。在RGB模型中,红色、绿色、蓝色被称为三原色光,用英文首字母表示R(red)、G(green)、B(blue),每一种颜色可分为0~255共256个等级,这是因为常用的显示器的位深为8位,而2^8是256。所以确定了R、G、B这三个基础变量就能确定某一种具体的颜色,比如(255,0,0)为红色,(0,255,0)为绿色,(0,0,255)为蓝色。在RGB颜色模式中,颜色呈现的原理是通过控制三原色的亮度混合而成(书后附有彩图)。

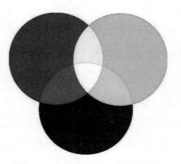

图4-11　RGB三原色叠加图

由图 4-11 可知：

黄色(yellow)＝红色(R)＋绿色(G)，用数值标识则为：

$$(255,255,0)=(255,0,0)+(0,255,0)$$

洋红(magenta)＝红色(R)＋蓝色(B)，用数值标识则为：

$$(255,0,255)=(255,0,0)+(0,0,255)$$

青色(cyan)＝绿色(G)＋蓝色(B)，用数值标识则为：

$$(0,255,255)=(0,255,0)+(0,0,255)$$

白色(white)＝红色(R)＋绿色(G)＋蓝色(B)，用数值标识则为：

$$(255,255,255)=(255,0,0)+(0,255,0)+(0,0,255)$$

通过两两相加，可以得到三种不同的颜色，如果把三种色混合在一起，就得到了中间的白色。

RGB 模型常用于电视、摄像机和彩色扫描仪等显示器的色彩模型。其缺点是色彩空间不够均匀，不够直观，不符合人的认知心理，即颜色间的认知差异不能用空间上两点的距离来表示。

2. CMYK 模型

CMYK 是彩色印刷时采用的一种套色模式，利用色料的三原色混色原理，加上黑色油墨，共计四种颜色混合叠加，形成所谓"全彩印刷"。在 RGB 三色中增加了 K(为避免与蓝色混淆，黑色用 K 表示)，因为 C(青)M(洋红)Y(黄)三色很难混合出纯黑或者灰色。此模型主要应用在彩色印刷领域中，所以有时候又叫印刷四分色模型。

理论上只用上述三种颜色相加就可以形成包含黑色在内 101^3 共 1030301 色(0~100％模式)，但实际印刷时，由于色料本身并非真正纯色，三色等量相加之后只能形成一种深灰色或深褐色，而非黑色；实际偏色程度依不同厂牌色料配方而有不同差异。

理想的 CMY 三原色油墨、墨水、彩色碳粉，其印出成品的结果应该完全等同 RGB 三色光的补色，但目前现实世界里一般彩色印刷、喷墨、激光所使用的 CMY 三色色料实际上均有不同的色偏现象，此外以三层 CMY 叠印产生黑色不仅不容易立即干燥、不利于快速印刷，三色叠印也需要非常精确的套印，用于表现有许多细小线条的文字十分不利；直接以黑色油墨替代不纯的 CMY 三层叠印所产生的不纯黑色，也可以大大节省成本。故此"黑色"虽非"原色"，却成为彩色印刷必备的色彩之一。

3. HSB 模型

RGB 模式和 CMYK 模式都是因产生颜色硬件的限制和要求形成的,而 HSB 模型是基于人眼对色彩的观察来定义的,在此模型中所有的颜色都用色相或色调(hue)、饱和度(saturation)和亮度(brightness)三个特性来描述的一种模型,模拟了人眼感知颜色的方式,比较容易为从事艺术绘画的画家们所理解。

利用 HSB 模式描述颜色比较自然,但实际使用却不方便,如显示时要转换成 RGB 模型,打印时则要转换为 CMYK 模型等。

4. HSI 模型

HSI 模型是美国色彩学家孟塞尔(H.A.Munseu)于 1915 年提出的,它反映了人的视觉系统感知彩色的方式,以色调、饱和度和强度三种基本特征量来感知颜色。 HSI 模型从人的视觉系统出发,用色调(hue)、饱和度(saturation 或 chroma)和亮度(intensity 或 brightness)来描述色彩,更符合人们描述和解释颜色的方式。

HSI 色彩模型可以用一个圆锥空间模型来描述。这种描述 HSI 色彩空间的圆锥模型相当复杂,但却能把色调、亮度和色饱和度的变化情形表现得很清楚。HSI 色彩空间可以大大简化图像分析和处理的工作量。HSI 色彩空间和 RGB 色彩空间只是同一物理量的不同表示法,因而它们之间存在着转换关系。HSI 模型被广泛应用于人的视觉系统感知的图像表示和处理系统中。

除此之外,还有许多其他的色彩模式,如 YUV/YIQ/LAB 等。YUV 或 YIQ 颜色模型是彩色电视系统所采用的色彩模式,用于表示彩色图像,YUV 适用于 PAL 和 SECAM 彩色电视制式,YIQ 适用于 NTSC 彩色电视制式;LAB 模式弥补了 RGB 和 CMYK 两种色彩模式的不足,它所定义的色彩最多,与光线及设备无关,处理速度与 RGB 模式一样快,可以在图像编辑中使用。

4.3　常用图像文件格式

由于计算机发展历史的原因,以及应用领域的不同,图形与图像文件的格式非常多,但图形文件多由专业的图形处理软件生成,日常接触较少,这里就不再介绍。目前常见的图像文件格式有 JPEG、PNG、GIF、BMP、PSD、TIFF、RAW 等,每种文件格式都有着不同的特点,适用于不同的使用场景。

4.3.1　JPEG

JPEG 图像文件格式采用的是 JPEG 静态图像压缩标准,由国际标准化组织(ISO)制定,是用于连续色调静态图像压缩的一种标准,JPEG 文件后缀名为 .jpg 或 .jpeg,是目前最常用的图像文件格式。JPEG 标准主要是采用预测编码(DPCM)、离散余弦变换(DCT)以及熵编码的联合编码方式,以去除冗余的图像和彩色数据,属于有损压缩格式,它能够将图像压缩在很小的储存空间内,一定程度上会造成图像数据的损伤。尤其是使用过高的压缩比例,将使最终解压缩后恢复的图像质量降低,如果追求高品质图像,则不宜采用过高的压缩比例。然而,JPEG 压缩技术十分先进,它可以用有损压缩方式去除冗余的图像数据,换句话说,就是可以用较少的磁盘空间得到较好的图像品质。而且 JPEG 是一种很灵活的格式,具有调节图像质量的功能,它允许用不同的压缩比例对文件进行压缩,支持多种压缩级别,压缩比率通常在 10∶1～40∶1,压缩比越大,图像品质就越低;相反,压缩比越小,图像品质就越高。同一幅图像,用 JPEG 格式存储的文件大小是其他类型文件的 1/10～1/20,通常只有几十 KB,质量损失较小,基本无法看出。JPEG 格式压缩的主要是高频信息,对色彩的信息保留较好,适合应用于互联网;它可减少图像的传输时间,支持 24 位真彩色;此外,它也普遍应用于需要连续色调的图像中。

JPEG 格式可分为标准 JPEG、渐进式 JPEG 及 JPEG2000 三种格式。

① 标准 JPEG 格式。此类型在网页下载时只能由上而下依序显示图像,直到图像资料全部下载完毕,才能看到图像全貌。

② 渐进式 JPEG。此类型在网页下载时,先呈现出图像的粗略外观后,再慢慢地呈现出完整的内容,而且存成渐进式 JPEG 格式的文档比存成标准 JPEG 格式的文档要小,所以如果要在网页上使用图像,多采用这种格式。

③ JPEG2000。它是新一代的影像压缩法,压缩品质更高,并可处理在无线传输时,常因信号不稳造成马赛克现象及位置错乱的情况,改善传输的品质。

综上所述,JPEG 图像文件相对较小,下载、传输速度快;这种格式由于对图像进行了压缩,使得图像在细节和质量上产生了一定损失,一般相机可拍摄低、中、高不同画质的 JPEG;画质越高,损失越小,相应的图像文件越大。其缺点是细节有损失,只适合普通图片浏览,不适合后期处理。

4.3.2　GIF

GIF(Graphics Interchange Format)是由 CompuServe 公司于 1987 年开发的图像文件格式,文件可移植性强,大多数图像软件均支持,在互联网上得到广泛使用。它允许单个图像参考其自己的调色板,但不能存储超过 256 色的图像,色域较窄;采用两种排列顺序存储图像,即顺序排列和交义排列。它支持动画,并允许为每帧选择最多 256 个颜色的单独调色板。这些调色板限制使得 GIF 格式不太适合于再现具有连续颜色的彩色照片和其他图像,但是它非常适合于较简单的图像,如具有实心颜色区域的图形或标志。

综上所述,GIF 文件能够支持多帧动画、透明背景图像,文件较小,下载速度快,常用于动画制作、网页制作以及演示文稿制作等领域;其缺点是颜色有限。

4.3.3　PNG

PNG(Portable Network Graphics)文件诞生于 1995 年,是一种采用无损压缩算法的位图格式,其设计目的是试图替代 GIF 和 TIFF 文件格式,同时增加一些 GIF 文件格式所不具备的特性。PNG 格式有 8 位、24 位、32 位三种形式,其中 8 位 PNG 支持两种不同的透明形式(索引透明和 alpha 透明),24 位 PNG 不支持透明,32 位 PNG 在 24 位基础上增加了 8 位透明通道,因此可展现 256 级透明程度。

PNG 文件具有更优化的网络传输显示。PNG 图像在浏览器上采用流式浏览，即使是经过交错处理的图像也会在完全下载之前提供浏览者一个基本的图像内容，然后再逐渐清晰起来。它允许连续读出和写入图像数据，这个特性很适合于在通信过程中显示和生成图像。

同时，PNG 文件也支持透明效果，可以为原图像定义 256 个透明层次，使得彩色图像的边缘能与任何背景平滑地融合，从而彻底地消除锯齿边缘。这种功能是 GIF 和 JPEG 没有的。PNG 文件还支持真彩和灰度级图像的 Alpha 通道透明度；最高支持 24 位真彩色图像以及 8 位灰度图像；支持图像亮度的 Gamma 校准信息；支持存储附加文本信息，以保留图像名称、作者、版权、创作时间、注释等信息。

综上所述，PNG 文件具有较丰富的图片细节，一般应用于 JAVA 程序、网页等领域，但还不足以用作专业印刷；文件较 JPEG 稍大，但允许部分透明及完全透明。

4.3.4　BMP

BMP(Bitmap)是 Windows 系统下的标准位图格式，在 Windows 环境下运行的所有图像处理软件都支持这种格式。它采用位映射存储格式，除了图像深度可选以外，不采用其他任何压缩，然而，更多时候它也可以根据用户需要采用压缩形式保存文件，文件包含丰富的图像信息，可以多种颜色深度保存图像（16/256 色、16/24/32 位），这也导致 BMP 文件较大。该格式常用于印刷、摄影、无损扫描、图片展示等领域。

4.3.5　PSD

PSD(Photoshop Document)是著名的 Adobe 公司图像处理软件 Photoshop 的专用格式，在 Photoshop 软件中可转存成任何格式。这种格式可以存储 Photoshop 中所有的图层、通道、参考线、注解和颜色模式等信息，虽然在保存时会将文件压缩，但相比上述其他格式的图像文件还是要大得多。由于 PSD 文件保留所有原图像数据信息，因而修改起来较为方便，但大多数排版软件不支持 PSD 格式的文件。

4.3.6 TIFF

TIFF(Tag Image File Format)是最常用的工业标准格式,最初由Aldus公司与微软公司一起为PostScript打印开发,由于它对图像信息的存放灵活多变,可以支持很多色彩系统,而且独立于操作系统,因此得到了广泛应用,与JPEG和PNG一起成为流行的高位彩色图像格式。TIFF格式属于未压缩文件,具有拓展性、方便性、可改性。采用无损压缩,支持多种色彩图像模式,图像质量高。

4.3.7 RAW

RAW文件正如其名,为原始文件,即尚未被处理、未被打印或用于编辑,还保留着文件生成设备中的原始信息,如数码相机、扫描器或电影胶片扫描仪的图像传感器中的设备名称、生成时的白平衡、曝光、对比度、饱和度等数据。有时也被称为数字底片,因为它们充当与电影底片相同的角色,并不是作为图像直接使用,而是创建一个包含所有信息的图像。现在的数码相机很多都可拍摄RAW格式,保留所有的原始拍摄信息。RAW格式文件后期处理时弹性相当大,但文件所占空间很大,而且传输时间比较久。

4.4 常用图像工具软件

随着信息技术的发展,对数字图形/图像进行修复、合成、美化等各种处理的工具软件日益繁多,大致可以分为以下三种类型。

1. 简易图像处理工具

此类图像处理工具获取简单便捷,多为操作系统自带。例如,Windows操作系统自带的画图程序、图片和传真查看器等,其他诸如一些体积较小,仅包含一些常用功能的软件,如美图秀秀、Google 的免费图片管理工具Picasa等。

2. 专业的图像处理工具

这是一类相对简易的图像处理工具，专业图像处理工具功能全面、强大，如美国 Adobe 公司的 Photoshop、Illustrator，加拿大 Corel 公司的 CorelDRAW，英国 Serif 公司开发的 Affinity Photo 等，除此之外，光影魔术手、Lightroom、可牛影像等软件在图像处理方面功能也都非常全面。每种软件都有其特点，用户可根据需要选择合适的软件。

3. 智能终端的图像处理APP

随着智能终端软硬件水平的不断提升，在智能终端上也出现了大量方便、快捷、实用的图像处理APP，这些APP的功能主要以美化图片为主，包含各种滤镜、边框等，可以快速实现去黑眼圈、祛痘、瘦脸、瘦身、拼图、裁剪、虚化等功能。智能终端常见的图像处理APP主要有美图秀秀、百度魔图、天天P图、SNOW、VSCO等。

这里重点介绍三款不同功能用途的图像软件 Photoshop、CorelDRAW 与 ACDsee。

4.4.1　Photoshop

Photoshop 是美国 Adobe 公司旗下最为有名的图像处理软件，其首字母缩写"PS"已成为表达图像处理的专有流行词汇。Photoshop 软件集图像扫描、编辑修改、图像制作、广告创意、图像输入/输出于一体，深受广大平面设计人员和电脑美术爱好者的喜爱，是多媒体素材制作的好帮手(如图 4-12 所示)。Photoshop 的应用领域很广泛，在图像、图形、文字、视频、出版等各方面都有涉及，如平面设计、修复照片、广告摄影、影像创意、艺术文字、网页制作、建筑效果图后期修饰、绘画、绘制或处理三维贴图、婚纱照片设计、视觉创意、图标制作、界面设计等。

图 4-12　Adobe Photoshop 2020 工作界面

从功能上看,Photoshop 主要分为图像编辑、图像合成、校色调色及特效制作等部分。

图像编辑是图像处理的基础,Photoshop 可以对图像做各种变换,如放大、缩小、旋转、倾斜、镜像、透视等,也可进行复制、去除斑点、修补、修饰图像的残损等,这在婚纱摄影、人像处理制作中有非常大的用途。

图像合成则是将几幅图像通过图层操作、工具应用合成完整的、传达明确意义的图像,这是美术设计的必经之路。该软件提供的绘图工具让外来图像与创意很好地融合。

调色校色可方便快捷地对图像的颜色进行明暗、色偏的调整和校正,也可在不同颜色间进行切换,以满足图像在不同领域如网页设计、印刷、多媒体等方面的应用。

特效制作在该软件中主要由滤镜、通道及工具综合应用完成。包括图像的特效创意和特效字的制作,如油画、浮雕、石膏画、素描等常用的传统美术技巧都可由该软件特效完成。

4.4.2　CorelDRAW

CorelDRAW 软件由加拿大 Corel 公司出品,与 Photoshop 专门处理图像文件不同，CorelDRAW 软件是矢量图形制作工具软件，为设计师提供了矢量动画、页面设计、网站制作、位图编辑和网页动画等多种功能，其非凡的设计能力被广泛地应用于商标设计、标志制作、模型绘制、插图描画、排版及分色输出等诸多领域（见图 4-13）。CorelDRAW 软件具有以下特点：

（1）界面设计友好，操作精微细致。它提供给设计者整套的绘图工具，包括圆形、矩形、多边形、方格、螺旋线，并配合塑形工具，对各种基本图形可以做出更多的变化，如圆角矩形、弧、扇形、星形等。同时也提供了特殊笔刷，如压力笔、书写笔、喷洒器等，以便充分地利用电脑处理信息量大，随机控制能力高的特点。

（2）智慧型绘图工具可充分降低用户的操控难度。该软件提供了一整套的图形精确定位和变形控制方案，允许用户更加容易精确地创建物体的尺寸和位置，减少点击步骤，节省设计时间，这给商标、标志等需要准确尺寸的设计带来极大的便利。

（3）颜色是 CorelDRAW 美术设计的视觉传达重点。该软件为实色填充提供了各种模式的调色方案以及专色的应用、渐变、位图、底纹填充功能，颜色变化与操作方式更是其他软件都不及的，而该软件的颜色管理方案使显示、打印和印刷达到颜色的一致。

（4）文字处理与图像的输入输出构成了排版功能。CorelDRAW 的文字处理功能在图像处理软件中属于非常优秀的，其支持了大部分图像格式的输入与输出，几乎可与其他软件畅行无阻地交换共享文件。所以大部分用电脑进行美术设计的设计者都直接在 CorelDRAW 中排版，然后分色输出。

图 4-13　CorelDRAW 2020 的窗口界面

4.4.3　ACDSee

　　ACDSee 软件是一款使用较为广泛的看图工具软件,整合了数字资产管理、图片管理编辑等多项图片资源管理编辑功能,软件操作界面友好、操作简洁,拥有优质的快速图形解码方式,支持丰富的 RAW 格式,能打开包括 ICO、PNG、XBM 在内的二十余种图像格式,并且能够高品质地快速显示,图形文件管理功能强大(见图 4-14)。使用 ACDSee 软件,可以从数码照相机和扫描仪高效获取图片,并进行便捷的查找、组织和预览。作为重量级的看图类软件,它能快速、高质量显示图片,同时,软件本身还提供了许多影像编辑的功能,包括数种影像格式的转换,可以借由档案描述来搜寻图档,进行简单的影像编辑、旋转或修剪影像、设定桌面等。

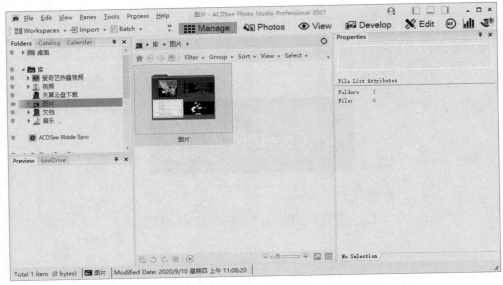

图 4-14　ACDSee Photo Studio 2021 工作界面

 思考与讨论

1. 结合你生活中的实践,思考自己还用到了哪些图像处理软件?

2. 在生活中,你经常会接触哪些涉及图像处理的事务?

4.5　图像处理软件应用实例

4.5.1　多渠道获取图像素材

对于图片素材的获取,一部分可以自己利用相关软件进行绘制,一部分可以利用数码相机进行翻拍,特别是随着智能手机的普及,随手拍越来越方便(拍摄成为记录信息最快捷的方法),还可以利用截图软件获取电脑中浏览的界面。随着网络应用的普及,很多图片素材可以直接从网上获取。下面主要介绍通过网络获取图片的一些方法与技巧。

1. 利用出版社网站提供的素材

现代出版的图书已经不只是印刷材料,大多数教材都配套提供了相应的多媒体素材。如高等教育出版社(http://www.hep.com.cn/)、人民教育出版社(http://www.pep.com.cn/)等网站上,除了可下载相应的多媒体素材外,还可以享受教材使用以及在线学习指导等服务。

2. 使用综合搜索引擎的图片搜索功能

综合搜索引擎无疑是互联网上查找资料的利器,常见的综合搜索引擎有谷歌(Google)、雅虎(Yahoo)、百度(Baidu)等。这里以百度搜索引擎为例进行简要介绍。

目前,百度提供了非常丰富的搜索服务,包括网页、图片、音乐、视频等。要在百度搜索图片,首先切换到图片搜索页面(https://image.baidu.com/),然后在搜索对话框中键入需要查找的关键词。如果要搜索天安门的图片,可以在搜索框中输入"天安门",如果找不到满意的,可以使用拼音或英语单词作为关键词,因为图片搜索一般是利用文件名和图片描述来寻找相应的图片,而在网页中使用汉字作为文件名的很少,因此,可以再试试"tian an men"等关键词(见图4-15)。

图4-15　百度图片搜索

网页中的图片一般都带有链接,一般是将图片保存到本地计算机中,不建议直接复制使用,这样图片素材能重复使用或进行多次编辑处理。如果一个搜索引擎找不到自己所需要的图片,可以换其他搜索引擎使用,比如微软的Bing

（必应）图像搜索、360搜索、搜狗搜索等。

3. 截图获取图像资源

对于一些网页中无法直接保存的图片或在浏览动画以及视频过程中需要的一些特殊画面，可以通过捕获计算机屏幕获取。简单的截图可以通过计算机键盘上的PrintScreen获取至粘贴板，也可以通过QQ、微信、浏览器等软件中的截图功能获取。当然，PicPick、FastStone Capture、HyperSnap等专用截图软件拥有更加丰富的截图及处理功能。

4.5.2　Photoshop 常见应用

目前，平面图像处理和平面设计已经渗透到各行各业，为Photoshop提供了广阔的应用空间，在绘画、照片后期处理、广告设计、网页设计、包装设计、装潢设计、游戏、动漫及影视制作等方面都得到了广泛应用。

1. 图像大小调整与格式转换

在使用图像素材时，特别是需要在网上上传图片资料时，通常会遇到对上传图片有格式、尺寸以及存储空间大小等有限制条件的情况，如果原始图像素材不符合这些条件，就需要借助工具软件进行处理。

图4-16是一张拍摄的数码图片，格式是JPG，分辨率是3333像素×2067像素，大小是19.7 MB，现在需要把这张照片放到网上，要求缩小到720像素×576像素以下，存储空间小于250 KB，并把格式修改为PNG，该如何做呢？

（1）修改图像的尺寸及大小

利用Photoshop软件打开图片后，选择"图像"菜单中的"图像大小"命令，打开"图像大小"对话框，如图4-16所示。调整画面分辨率为300像素×240像素，调整分辨率至30，如图4-17所示，此时，图像大小已变为210.9 KB，符合预定要求。

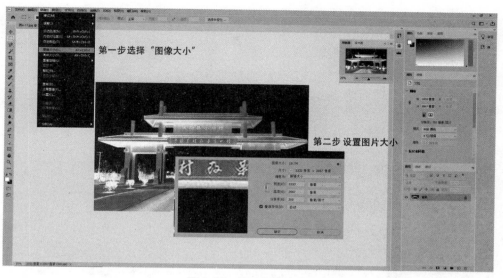

图 4-16　修改图像大小

图 4-17　调整图像宽高及分辨率

（2）另存为其他图像格式

选择"文件"菜单中的"存储为"命令，修改图像保存的格式和品质，如图
4-18所示。

第4章　图形与图像处理技术

图4-18　本地电脑另存为其他图像格式

　　在选中"保存在您的计算机上"后,会弹出保存路径对话框,选择文件的保存位置与文件格式,如图4-19所示。选择"PNG"文件,点击保存,弹出图4-20对话框,此处可以根据需要选择,当前选择"大型文件大小(最快存储)"后,得到最终文件大小为91.3 KB。

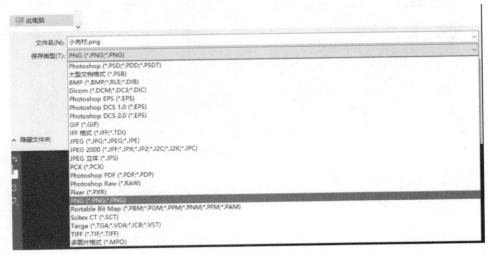

图4-19　另存为PNG格式

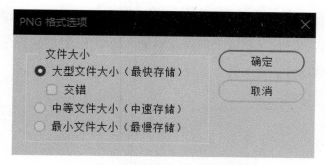

图4-20　设置PNG格式文件选项

2. 抠图

抠图是指将图片中的某一部分从原图上抽取出来。日常生活中经常会遇到需要抠图的工作,比如将生活照中的人物抠出来做成个人大头贴,或者将照片中不想要的部分替换为其他内容,也就是传说中的"移花接木"术。抠图是学习Photoshop的必修课,也是Photoshop最重要的功能之一。通常来说,抠图的方式方法非常多,作为初学者,经常用到的较为简单的方法有选择工具抠图法和色彩选择抠图法。

（1）选择工具抠取图像

首先,打开Photoshop软件,打开需要抠图的图片,根据图片的特点,选择不同的选取工具,比如"魔棒"、"对象选择"、"快速选择"工具主要适合背景色单一、主体和背景色界限明显的图片处理,如图4-21所示;"磁性套索"工具能通过图像像素的颜色差异自动识别边界,特别适合快速选择背景颜色较为复杂,但所选对象与背景对比强烈且边缘复杂的图像,如图4-22所示。

图4-21　魔棒工具适用图片

图4-22　磁性套索工具适用图像

这里以磁性套索工具为例，在 Photoshop 中打开图 4-22，单击工具箱中的"磁性套索工具"按钮，在图像上需要选取的边缘单击，然后轻轻地移动鼠标，使鼠标顺着边界移动，套索工具会自动识别边缘，如图 4-23 所示。

图 4-23　磁性套索工具选取对象

当绘制到起点时，光标会显示"闭合"形状，此时单击即可创建选区，如图 4-24 所示。

图 4-24　磁性套索工具选中目标对象

将目标对象全部选中后，即可使用剪切或者删除工具将目标对象抠出。在实际的操作过程中，有必要了解磁性套索工具选项栏的各项参数的具体使用方法，这些方法在其他选择工具的参数中也有相同或相似的，下面在图4-25中逐一列出具体说明：

图4-25　磁性套索工具选项栏参数

① 新选区 ▣ :用于绘制一个新的矩形选区,该绘制方式为默认模式。

② 添加到选区 ▣ :将绘制的新选区区域添加到已绘制的选区上,并与之形成一个整体。

③ 从选区减去 ▣ :从已绘制的选区上减去一个选区形状区域。

④ 与选区交叉 ▣ :拖拽出一个选区和已绘制的选区交叉后松开鼠标,形成两者重叠的区域。

⑤ 羽化 [羽化: 0像素] :用来设置选区边缘的虚化程度。可设置0~100像素的羽化值。羽化值越大,虚化范围越宽,虚化程度越高;羽化值越小,虚化范围越窄,虚化程度越低。

⑥ 消除锯齿 [☑ 消除锯齿] :使用后,选区边缘会变得平滑,没有锯齿感。

⑦ 宽度 [宽度: 5像素] :宽度值决定了以光标中心为基准,光标周围有多少个像素能够被"磁性套索工具"检测到,如果对象的边缘比较清晰,可以设置较大的值;如果对象边缘比较模糊,可以设置较小的值。

⑧ 对比度 [对比度: 30%] :该选项主要用来设置"磁性套索工具"感应图像边缘的灵敏度。如果对象的边缘比较清晰,可以将该值设置得高一些;如果对象的边缘比较模糊,可以将该值设置得低一些。

⑨ 频率 [频率: 57] :在使用"磁性套索工具"勾画选区时,Photoshop会自动生成很多锚点,"频率"选项就是用来设置锚点的数量。数值越高,生成锚点越多,捕捉到的边缘就越准确,但是可能会造成选区不够平滑。

⑩ "钢笔压力"按钮 ：如果电脑接入了数位板和压感笔，就可以激活该按钮，Photoshop 会根据压感笔的压力自动调节"磁性套索工具"的检测范围。

（2）色彩选择抠取图像

可以看出，对于边缘清晰的规则图像首选魔棒工具、快速选择工具，也可以选用磁性套索工具，但这些方法对于图4-26这张素材来说就不太适用。如果想要抠取图中的大树，那么最简单的办法就是使用色彩选择方式。

图4-26　色彩选择工具适用图片

首先，在 Photoshop 软件中打开素材，在软件上方菜单栏中点击"选择（S）—色彩范围（C）"命令，如图4-27所示，弹出"色彩范围"调节对话框，在对话框中调整合适的容差值，点击图片中灰色的部分，此刻对话框中白色部分即是已选中部分，如图4-28所示，点击"确定"，所有的白色区域即被选中。

图4-27　选中"色彩范围（C）"命令

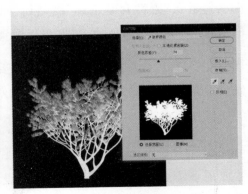

图4-28　"色彩范围"调节对话框

多
媒
体
技
术
基
础
教
程

在白色区域全部选中后,将选区反选,即可得到想要的整棵大树,如图4-29所示。

图4-29　选区反选

3. 调色

在日常生活中,无论是人物照还是风景照,或是扫描得来的图片,首先展示出来的便是照片的色彩,色彩在一幅作品中起着关键性的作用。简单的色彩中可以包含情绪,传达拍摄者的感情,合理调整色彩可以让照片拥有更强的生命力。但是通常情况下,初始拍摄得来的图片在色彩方面都会有些瑕疵,比如曝光不足、偏色、饱和度不够等,这时就需要进行调色修改。Photoshop 软件的调色功能非常强大,有着多种调色方式方法,这里以最为直接、常用的四种使用滤镜对图片进行整体调节为例进行说明。

（1）亮度与对比度

亮度与对比度是每张图片最基本的色彩调节,对比度指的是一幅图像中明暗区域最亮的白和最暗的黑之间不同亮度层级的测量,差异范围越大则代表对比越大。而亮度是颜色的一种性质,常被定义来反映人类的主观明亮感觉。在Photoshop 软件中,从顶部菜单栏"图像—调整—亮度/对比度"即可调出亮度与对比度调节对话窗口（见图4-30）。通过参数滑块的调节,可以根据个人主观喜好进行色彩的整体调节。

图 4-30　亮度/对比度调节对话框

（2）色阶

色阶是表示图像亮度强弱的指数标准，在色阶对话框中，它是以直方图的形式显示图像的明暗信息。调整色阶可以扩大照片的亮度范围，查看和修正照片的曝光、色调和对比度。从 Photoshop 软件顶部菜单栏"图像—调整—色阶"即可调出色阶调节对话窗口（见图 4-31）。在通道选择框中，可以选择 RGB（全图）或者红绿蓝三个通道对像素的明暗分别进行调节。在直方图的下面有三个滑块，从左至右是从暗到亮的像素分布，黑色三角代表最暗地方（纯黑），白色三角代表最亮地方（纯白），灰色三角代表中间调。

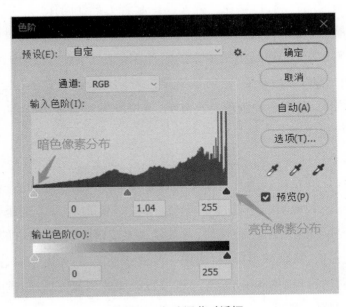

图 4-31　色阶调节对话框

黑色滑块可以定义哪些像素属于纯黑的像素,当将它向右侧滑动时,则左侧滑过部分的像素明度就等于黑,即变成了纯黑色,此时在画面上看到的效果就是原来深灰色的这部分的明度变得更低了,接近黑色的这部分的像素就变成了黑色,如图4-32所示。

图4-32　色阶工具调节黑色滑块效果

灰色滑块指的是中间调,它可以改变中间调的亮度,它左边代表整张图片的暗部,右边代表整张图片的亮部,如果将灰色滑块右移,就等于是有更多的中间调像素进入了暗部,所以会变暗,反之亦然。

如果不想手动调节,可以点击RGB旁边的"自动"选项,让Photoshop自动计算一下,将图像调节到一个比较合适的色阶范围。如果想把画面中某部分的颜色设置为纯黑色,则可以使用左侧的"黑场吸管工具 "吸取这个颜色,Photoshop就会根据吸取的颜色自动计算出一个符合要求的色阶,并且会将点击的颜色设置为纯黑色,对于其他地方的颜色,Photoshop会以该点的颜色为标准进行计算,最后算出一个整体的色阶。

（3）曲线

曲线是Photoshop软件中重要的影调和色彩调整工具,下面将重点讲解曲线工具中RGB通道曲线,它是由红(R)、绿(G)、蓝(B)三个通道的曲线叠加而成的,可以"近似的"理解成图片的亮度曲线。

曲线的横轴是原图的亮度,从左到右依次是0值纯黑,1~254的中间灰色值,以及最右边255的纯白最亮值。曲线的纵轴是目标图(调整后)的亮度,从

第4章　图形与图像处理技术

下到上仍然是0～255的亮度值。横轴上还显示着一个直方图,展示出原图各个亮度上,分别存在着多少像素。

中间的那根线就是"曲线"。在曲线上任意取一个点,它的"输入值"就是它横轴对应的值,即原图中的亮度;它的"输出值"就是它纵轴中的数值,也就是调整后亮度值。在未调整的情况下,图像的曲线会是一条对角线,也就是横轴(原图)和纵轴(目标图)的亮度值相等。

比如在曲线上取一个点,它的输入值和输出值都是208。如果把这个点往上移动,可以看到这个点的输出值变成了232。这意味着原图直方图上那些208亮度的点,都被提亮到了更亮的232。同时208旁边的点也会跟着一起变化,离调整点越远的点变化越小,一根整体色彩变化比较平滑的曲线就形成了,如图4-33所示。

图4-33　曲线调节工具

有了上面对曲线的理解,就可以很容易地对图片色彩做出以下调节:

① 提亮与压暗。使用曲线工具可以对图片中指定亮度进行提亮或压暗,将亮度为51的区域整体提亮至92,画面整体被提亮,尤其是暗部明显提亮,如图4-34所示。将亮度为107的区域整体压暗至30,画面整体变暗,原先暗部变化最大,如图4-35所示。

多媒体技术基础教程

图4-34 使用曲线工具提亮

图4-35 使用曲线工具压暗

② 提高对比度(简称S曲线),即通过提升亮部,降低暗部以提高对比度,如图4-36所示。

图4-36 使用曲线工具提高对比度

③ 降低对比度(简称反S曲线),即通过提升暗部,降低明部以降低对比度,如图4-37所示。

图4-37　使用曲线工具降低对比度

④ 反向（黑白颠倒曲线），即将最亮处255降至0，将最暗部0提升至255，效果如图4-38所示。

图4-38　使用曲线工具颠倒黑白效果

通过上述案例可以看出，RGB曲线调整的核心就是对原图亮度的变换。

（4）可选颜色工具（混色法）

所谓混色法就是把不同的颜色混合起来，组成另外的颜色。这种方法就需要用到前面介绍过的色彩模式原理了，Photoshop的调色基于RGB等色彩模式的混色，可以使用各式各样的调色工具，通过混色来得到所需要的色彩。这里，以可选颜色工具作为示例，对照片色彩进行混色调整。

混色法适合需要调整画面中同一色系的颜色，比如图4-39中蓝天与水面的颜色均为蓝色系，如果对此蓝色进行调整，首先要在Photoshop软件中打开图片，从顶部菜单栏选择"图像—调整—可选颜色"，打开"可选颜色"的调色对话框，将颜色选项调整到蓝色（见图4-40），选择对话框下方的"绝对"选项，然后后期所做的调整是按照相加或减少的方式进行累积的，即可以使用CMYK四色的加减原理对蓝色进行混色调节。

图4-39 打开"可选颜色"功能菜单

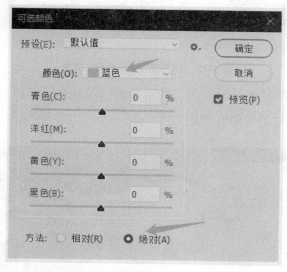

图4-40 "可选颜色"色彩调节对话框

　　调整蓝色中的青色－100％，由于洋红＋青色＝蓝色，减去蓝色中的青色后，可以看到蓝色转变为洋红，如图4-41所示（书后附有彩图）。

图 4-41　调节青色至-100%效果

　　而调整蓝色中的黄色＋100％，根据三原色与三间色原理，蓝色转变为绿色，如图4-42所示（书后附有彩图）。

图 4-42　调节黄色至+100%效果

　　调整蓝色中洋红－100％，天空的蓝色相当于减去了洋红，色彩则为变成青色，如图4-43所示（书后附有彩图）。

图 4-43　调节洋红至-100%效果

调整蓝色中的黑色－100％，相当于蓝色加入黑色，蓝色变得更深，如图4-44所示（书后附有彩图）。

图4-44　调节黑色至+100％效果

可以看出，图像处理过程实际上是展示创意的创造性过程。掌握了图像处理的关键技术，将图像素材按照多媒体作品的要求编辑处理后，再结合好的构思，才有可能创作出优秀的多媒体作品。

习题与思考

一、单项选择题

1. 以下有关色彩叠加表述正确的是（　　）。

（1）黄色（yellow）＝红色（R）＋绿色（G）

（2）洋红（magenta）＝红色（R）＋蓝色（B）

（3）青色（cyan）＝绿色（G）＋蓝色（B）

（4）白色（white）＝红色（R）＋绿色（G）＋蓝色（B）

　　A.（1）（3）（4）　　　　　　B.（1）（3）

　　C.（1）（2）（3）（4）　　　　D.（2）（3）

2. 以下关于分辨率的说法错误的是（　　）。

A. 分辨率又称解析度

B. 描述分辨率的单位"PPI"常用于打印或印刷领域

C. 图像分辨率，指单位长度上图像像素的数量，用每英寸多少点表示

D. 对同样大小(尺寸/面积)的一幅图,如果组成该图的图像像素数目越多,则说明图像的分辨率越高,图像就越清晰,印刷的质量也就越好

3. 计算机中的图片主要有两种形式(   )。

    A. 矢量图与位图   B. 点阵图与图像

    C. 图形与矢量图   D. 位图与图像

4. 以下关于图像数字化质量的说法正确的是(   )。

    A. 分辨率大小与图像数字化后文件尺寸无关,与画质有关

    B. 图像数字化的步骤包括采集、量化与编码三个步骤

    C. 图像分辨率越高,图像数字化质量越低

    D. 颜色深度值越大,图像色彩越丰富

5. RGB 模型相关说法正确的是(   )。

    A. RGB 模型是基于红、黄、蓝三种颜色建立的

    B. 黄色(yellow)=红色(R)+蓝色(B)

    C. RGB 模型与 CMYK 模型相比缺少黑色

    D. RGB 模型的色彩空间非常均匀,易于观察,符合人的认知心理

6. 图像的数字化要经历哪几个步骤?(   )

    (1)采样   (2)量化   (3)数字化   (4)压缩编码

    A. (1)(2)(3)(4)   B. (1)(2)(4)

    C. (1)(3)(4)   D. (2)(3)(4)

7. 下面软件中哪一个可以用来处理矢量图形?(   )

    A. Photoshop   B. CorelDRAW

    C. FastStone Capture   D. HyperSnap

8. 以下关于矢量图和位图的说法中,不正确的是(   )。

    A. 位图和矢量图之间不能相互转换

    B. 位图放大时会变得模糊不清,矢量图放大时则不会产生失真

    C. 位图和矢量图都可以用软件绘制出来

    D. 位图是由若干像素点构成的,矢量图则是用一组指令来描述的

9. 以下获取与使用图片的正确说法有哪些?(   )

    (1)使用搜索引擎检索下载

    (2)下载他人版权图片后直接用于商业出版

    (3)在资源网站通过截图方式获取受版权保护的图片

多媒体技术基础教程

(4)通过软件设计或制作图片

    A. (1)(2)(3)(4)   B. (3)(4)

    C. (1)(3)(4)   D. (2)(3)(4)

10. 以下有关Photoshop软件功能的错误表述是(   )。

    A. 能够对图像进行编辑修改

    B. 集图像输入/输出于一体

    C. 可以对图形进行修改编辑

    D. 广泛应用于照片修复、广告摄影、影像创意等诸多领域

11. 以下文件类型,哪一种画质相对较差?(   )

    A. GIF   B. JPEG   C. TIFF   D. BMP

12. 以下关于矢量图的说法不正确的是(   )。

    A. 矢量图又称为几何图形

    B. 矢量图又称为向量图

    C. 矢量图的缩放至足够大以后线条边缘会呈现锯齿

13. 以下文件格式是位图文件的有哪些?(   )

    (1)JPEG   (2)AI   (3)GIF   (4)BMP   (5)PNG

    A. (1)(3)(4)(5)   B. (1)(2)(3)(4)

    C. (2)(3)(4)(5)   D. (2)(4)(5)

14. 以下软件可以用来处理矢量图形的是(   )。

    (1)CorelDRAW   (2)Photoshop   (3)Illustrator   (4)美图秀秀

    A. (2)(3)(4)   B. (1)(3)(4)

    C. (1)(3)   D. (1)(2)(3)(4)

15. 位图是以(   )为基本元素的。

    A. 光   B. 像素   C. 灰度   D. 指令

16. 用于印刷的图像文件一般设置成(   )颜色模式。

    A. RGB   B. 黑白   C. CMYK   D. 灰度

二、简答题

1. 列举三种常见的色彩模型,并简单说明其区别。

2. 简述图像与图形的区别。

3. 常用的图像文件格式有哪几种?

4. 简述色彩三要素。

三、实践操作

1. 从网络获取四张风景图片,将四张图片中自己最喜爱的细节部分截取后拼为一张图片。

2. 选取一张自己喜爱的生活照片,使用图像处理软件,将其抠图、裁剪为一张2寸大小的证件照。

第5章 数字视频技术及处理

 学习目标

◆ 理解数字视频及其相关概念
◆ 了解常用数字视频格式及其特点
◆ 掌握常用网络视频的获取及格式转换
◆ 掌握数字视频的处理方法

【知识结构图】

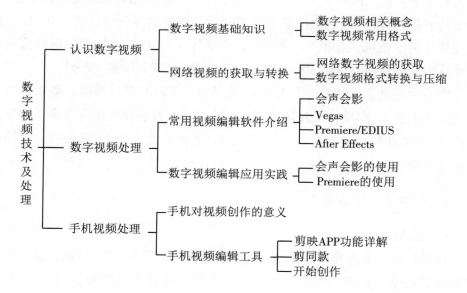

5.1 认识数字视频

　　数字视频是一种重要的多媒体元素,利用数字视频技术对视频素材进行编辑制作和加工处理,是计算机多媒体技术的重要内容。下面将通过对数字视频相关概念、常用数字视频格式、网络在线视频获取、数字视频格式转换等问题的探讨,加深读者对数字视频的认识。

5.1.1 数字视频基础知识

　　视频(video),泛指将一切动态影像静态化处理后,以图像形式加以捕捉、记录、存储、传输、处理,并进行动态重现的技术。视频的记录分为模拟信号记录和数字信号记录两种形式。模拟信号由连续不断变化的物理量来表示信息,其电信号的幅度、频率或相位都会随着时间和数值的变化而连续变化,这一特征使得任何干扰都能让信号失真;数字信号与模拟信号不同,其波形幅值被限定在有限数值之内,其抗干扰能力强,便于存储、处理和传输,安全性高。

　　数字视频就是使用数字信号来记录、存储、编辑的视频数据。数字视频有不同的产生方式、存储方式和播出方式。比如通过数字摄像机直接产生数字视频信号,存储在数字录像带、P2卡、蓝光盘或者磁盘等介质上,从而得到不同格式的数字视频。

1. 数字视频相关概念

(1) 扫描与场

　　扫描是指电子枪发射出的电子束扫描电视(电脑)屏幕的过程,它是电视机和显示器的基本原理之一。它和我们人类的阅读行为比较相似,都是从左至右、从上往下进行的。两者的区别在于,隔行扫描是隔行跳读,在先扫描完所有奇数行内容后,再扫描偶数行内容;逐行扫描则是从上至下,一行一行地扫描。家用电视通常采用的是隔行扫描,而电脑显示器则常采用逐行扫描形式。电视之所以采用隔行扫描,是为了降低逐行扫描对硬件设备的苛求,通常将一幅画

多媒体技术基础教程

面抽分为两场。隔行扫描会造成图像闪烁,对人眼有一定伤害,同时有损于静态图像的显示。

为便于人在近距离长时间观看,以及要满足查看静止图像的需求,电脑显示器一般都采用逐行扫描形式,同时计算机的显示器与显卡允许60 Hz以上的屏幕刷新率,能有效避免运动画面的闪烁。

在电视扫描的过程中,电子束首先从左到右、从上到下扫描所有的单数行,这时形成了一个奇数场图像。然后,电子束再回到顶端,再次从左到右、从上到下扫描所有的偶数行,形成了另一个偶数场图像。两次扫描完成后,由两场图像组成了一个完整的电视画面,称之为帧(frame),因此,每一帧画面是由两个场组成的,如图5-1所示。

（a）奇数场图像

（b）偶数场图像

（c）奇、偶数场图像

图5-1 电视隔行扫描示意图

连续的视频信息要利用人眼的视觉阈限和视觉暂留的特性产生运动画面的感觉,就要求在每一秒内播放一定数量的画面信息。

（2）电视制式

电视制式定义了彩色电视机对于所接受的电视信号的解码方式、色彩处理方式和屏幕的扫描频率,目前世界上常见的电视制式包含PAL、NTSC和SECAM三种制式。

① PAL制式:德国在1962年制定的一种兼容电视制式,中国和欧洲大多数国家采用,扫描线为625行。

② NTSC制式:美国在1952年制定的一种兼容的彩色电视制式,美国、加拿大等大部分西半球国家、日本等国使用,扫描线为525行。

③ SECAM制式:法国在1956年提出、1966年制定的一种新的彩色电视制式,俄罗斯、法国等国家使用,扫描线为625行。

（3）像素比和画面宽高比

一般认为像素是显示器或电视上图像成像的最小单位。实际上它是由许多更小的点组成的,只不过在进行图像处理时,一般把像素作为最小的单位。

像素比是指一个像素的长宽比例,也就是组成像素的点在纵横方向上的比。对于计算机产生的图像,它的像素比永远都是1:1,而电视设备所产生的视频图像,它的像素比就不一定是1:1。在PAL制式下,图像的像素比是16:15,约等于1.07,这也就是为什么在计算机上看是一个正方形,到了电视上则成为一个长方形。计算机显示器和电视的分辨率都是72 dpi。720像素×576像素的分辨率意味着屏幕垂直方向有720个像素,水平方向有576个像素。

画面的宽高比是组成画面图像的像素在纵横方向上的个数比,比如800像素×600像素的分辨率下,画面的宽高比为4:3。

由于电视采用的是隔行扫描,一般电子束从屏幕的左上角按照从左到右、从上到下的顺序进行扫描的过程叫做行正程扫描,完成后它还要从屏幕的右下角按照从右到左、从下到上的顺序扫描回去,这个过程叫作行逆程扫描。不过这时它不进行图像的传送,所以我们看不到它。在PAL制式下,电子束每一帧要进行625行的扫描,去掉其中49行逆程扫描,实际上进行画面显示的只有576行,即屏幕水平方向的分辨率为576像素。同时PAL制式还规定画面的宽高比为4:3。根据此来推算,PAL制式的图像分辨率应该是768像素×576像素,但这是在像素比为1:1的情况下,而电视实际像素比为1:1.07,所以PAL制式的图像分辨率应为720像素×576像素。

(4) 帧与帧速率

帧(frame)是电视画面显示中的一个概念。人们在显示设备上看到的视频都是由一幅幅画面快速播放而造成的一种错觉。由于人眼的视觉暂留效应,当眼前的画面消失,人眼中的画面不会立即消失,图像会在人眼中保留一小段非常短暂的时间(约0.1~0.4 s)。利用这一现象,将一系列有相关性的图像以足够快的速度播放,人眼就会感觉画面变成了连续活动的场景。研究表明,当每秒播放的画面达到12帧以上时,人眼就不会感到明显的画面跳动感。

帧速率(frames per second,fps)又称帧率,即每秒中播放的帧数。对于12 fps以上的动画或视频,人眼感觉不到画面的卡顿,越高的帧率越可以得到更流畅、更逼真的效果动画。一般情况下,各种影片的实际播放帧率要比12 fps高得多,下面是一些常用的fps规格。

① 电影:每秒24幅画面,但对于电影,严格说不应该叫"帧",而应该叫"格",即每秒24格。

多媒体技术基础教程

② PAL制式：每秒25幅画面，即帧速率为25 fps，每秒50场，这个数据叫场频。

③ NTSC制式：每秒约30幅画面，帧速率为30 fps，每秒60场。

④ SECAM制式：每秒25幅画面，帧速率为25 fps，每秒50场。

⑤ 网络动画（根据Adobe对网络视频帧速的标准）：每秒15幅画面，帧速率为15 fps。

(5) 视频编码

视频编码是一种压缩技术，即把原始的视频流压缩成特定的比特流（视编码方案）。视频压缩的目标是在尽可能保证视觉效果的前提下减少视频数据量。为便于存储与网络传输，视频一般需经一定的压缩，用以改变文件的大小。比如一段原始视频数据为1080P的7秒视频大约817 MB，用10 Mbps的带宽传输大约需要11分钟，而经过H.264编码压缩之后，视频大小只有708 KB，10 Mbps的带宽传输仅仅需要500 ms，完全可以满足实时传输的需求，所以从视频采集传感器采集来的原始视频势必要经过视频编码。

原始视频信号中包含空间冗余（图像相邻像素之间有较强的相关性）、时间冗余（视频序列的相邻图像之间内容相似）、编码冗余（不同像素值出现的概率不同）、视觉冗余（人的视觉系统对某些细节不敏感）、知识冗余（规律性的结构可由先验知识和背景知识得到）等多种冗余类型。视频编码压缩的原理是通过去除这些冗余信息，实现视频数据的有效压缩。

目前，视频流传输中常用的编解码标准有以下几种类型：

① MPEG系列。该编码由ISO（国际标准组织机构）下属的MPEG（运动图像专家组）开发。其视频编码方面主要有MPEG-1（VCD使用）、MPEG-2（DVD使用）、MPEG-4、MPEG-4 AVC等；音频编码方面主要有MPEG Audio Layer 1/2、MPEG Audio Layer 3（mp3）、MPEG-2 AAC、MPEG-4 AAC等。

② H.26X系列。该编码由ITU（国际电传视讯联盟）主导，侧重网络传输，包括H.261、H.262、H.263、H.263+、H.263++、H.264、H.265等。

目前最常用的有H.264、H.265编码协议。H.264最大的优势是具有很高的数据压缩比率，在同等图像质量的条件下，H.264的压缩比是MPEG-2的2倍以上，是MPEG-4的1.5至2倍。使用H.264是需要支付授权费用的。H.265是H.264的升级版，可以在有限带宽下传输更高质量的网络视频，促使智能手机、平板等移动设备能够直接在线播放1080P的全高清视频。H.265标准同时也支持4K(4096像素×2160像素)和8K(8192像素×4320像素)超高清视频。

③ 微软 Windows Media 系列。视频编码有 MPEG-4 v1/v2/v3(基于 MPEG-4,DIVX3 的来源)、Windows Media Video 7/8/9/10;音频编码有 Windows Media Audio v1/v2/7/8/9。

④ QuickTime 系列。视频编码有 Sorenson Video 3(用于 QT5)、Apple MPEG-4、Apple H.264;音频编码有 QDesign Music 2、Apple MPEG-4 AAC 等。

(6) 封装格式

封装可以理解为一种储存视频信息的容器(容器其实也可以做些压缩处理,所以视频是可以在编码格式、容器格式中做两次压缩),就是把编码器生成的多媒体内容(视频、音频、字幕、章节信息等)混合封装在一起的标准。同一种容器格式中可以放不同编码的视频,不过一种视频容器格式一般只支持某几类编码格式的视频。

一个完整的视频文件是由音频和视频两部分组成的。H.264、Xvid 等就是视频编码格式,MP3、AAC 等就是音频编码格式。如将一个 Xvid 视频编码文件和一个 MP3 视频编码文件按 AVI 封装标准封装以后,就得到一个 AVI 后缀的视频文件,这个就是我们常见的 AVI 视频文件。由于很多种视频编码文件、音频编码文件都符合 AVI 封装要求,则意味着即使是 AVI 后缀,也可能里面的具体编码格式不同。因此会出现同是 AVI 后缀文件,在一些设备上能正常播放,但另一些设备则无法播放的情况。同样的情况也存在于其他容器格式中。

封装格式的辨认很简单,大多数情况下,拓展名就是封装格式的名字。

2. 数字视频常用格式

(1) AVI格式

AVI(Audio Video Interleaved,音频视频交错)格式是一种可以将视频和音频交织在一起进行同步播放的数字视频文件格式。AVI格式由 Microsoft 公司于1992年推出,随 Windows 3.1一起为人们所认识和熟知。这种视频格式的优点是图像质量好,由于无损 AVI 可以保存 alpha 通道,可以跨多个平台,经常被我们使用。由于它采用的压缩算法没有统一的标准,最普遍的现象就是高版本 Windows 媒体播放器播放不了采用早期编码编辑的 AVI 格式视频,而低版本Windows媒体播放器又播放不了采用最新编码编辑的AVI格式视频,所以在进行一些AVI格式的视频播放时,常会出现由于播放器不支持视频编码而不能播放的问题。

需要说明的是,AVI格式只能封装一条视频和一条音频,不能封装字幕,没有流媒体功能。

(2) MPEG格式(文件后缀可以是 .mpg、.mpeg、.mpe、.dat、.vob、.asf、.3gp、.mp4等)

MPEG(Moving Pictures Experts Group,动态图像专家组)是1988年成立的一个专家组,其任务是负责制定有关运动图像和声音的压缩、解压缩、处理以及编码表示的国际标准。MPEG格式是采用了有损压缩方法从而减少运动图像中的冗余信息的数字视频文件格式。目前MPEG格式主要有三个压缩标准,分别是MPEG-1、MPEG-2和MPEG-4。MPEG-7与MPEG-21仍处在研发完善阶段。

MPEG-1制定于1992年,它是针对1.5 Mbps以下数据传输率的数字存储媒体运动图像及其伴音编码而设计的国际标准。使用MPEG-1的压缩算法,可以把一部时长120分钟的电影(视频文件)压缩到1.2 GB左右。这种数字视频格式的文件扩展名包括 .mpg、.mpe、.mpeg以及VCD光盘中的 .dat等。

MPEG-2制定于1994年,是为高级工业标准的图像质量以及更高的传输率而设计的。这种格式主要应用在DVD和SVCD的制作(压缩)方面,同时在一些HDTV(高清晰电视广播)和一些高要求视频编辑、处理上面也有较广的应用。使用MPEG-2的压缩算法,可以把一部时长120分钟的电影压缩到4～8 GB。这种数字视频格式的文件扩展名包括 .mpg、.mpe、.mpeg、.m2v等。

MPEG-4制定于1998年,是为播放流式媒体的视频而专门设计的,它可利用很窄的带度,通过帧重建技术,压缩和传输数据,以求使用最少的数据获得最佳的图像质量。MPEG-4能够保存接近于DVD画质的小体积视频文件,还包括了以前MPEG压缩标准所不具备的比特率的可伸缩性、动画精灵、交互性甚至版权保护等一些特殊功能。使用MPEG-4的压缩算法的ASF格式可以把一部120分钟的电影(视频文件)压缩到300 MB左右的视频流,可供在线观看。这种数字视频格式的文件扩展名包括 .asf和 .mov。

(3) RM/RMVB格式

RM/RMVB是Real公司主推的两种音、视频编码格式,RMVB是由RM视频格式升级延伸出的新视频格式,它的先进之处在于RMVB视频格式打破了原先RM格式那种平均压缩采样的方式,在保证平均压缩比的基础上合理利用比特率资源。也就是说,静止和动作场面少的画面场景采用较低的编码速率,这样可以留出更多的带宽空间,而这些带宽会在出现快速运动的画面场景时被利用。这样在保证了静止画面质量的前提下,大幅地提高了运动图像的画面质量,使图像质量和文件大小之间达到了微妙的平衡。这种数字视频格式的文件扩展名为.rmvb和.rm。

（4）MOV格式

MOV格式由美国Apple公司开发,是苹果系统上标准视频格式,同时能被大多数PC机器上视频编辑软件识别,具有较高的压缩比率和较完美的视频清晰度等特点,可以提供容量小、质量高的视频。默认的播放器是QuickTime Player。它有多种压缩方式,并且可以带有Alpha通道,便于抠像合成,在视频编辑软件中广泛应用。MOV格式视频文件的扩展名为.mov。

（5）FLV格式

FLV（Flash Video）流媒体格式是一种新的视频格式。由于形成的文件小、加载速度快,它的出现有效地解决了视频文件导入Flash后,导出的SWF文件体积庞大,不能在网络上很好的使用等问题。

除了FLV视频格式本身资源占用率低、体积小等特点特别适合网络发展外,丰富、多样的资源也是FLV视频格式统一在线播放视频格式的一个重要因素。现各视频网站大多使用的是FLV格式。

提供FLV视频的主要有两类网站,一种是专门的视频分享网站,如美国的YouTube,国内的优酷网等;另一种是门户网站提供了视频播客的板块、视频频道,如新浪视频播客就使用FLV格式。此外,百度也推出了关于视频搜索的功能,里面搜索出来的视频基本都是采用了FLV格式。

（6）WMV格式

WMV（Windows Media Video）是微软开发的一系列视频编解码和其相关的视频编码格式的统称,是微软Windows媒体框架的一部分。WMV文件一般同时包含视频和音频部分。视频部分使用Windows Media Video编码,音频部分使用Windows Media Audio编码。

WMV是在"同门"的ASF（Advanced Stream Format）格式基础上升级延伸得来的。在同等视频质量下,WMV格式的文件体积非常小,因此更适合在网上播放和传输。

5.1.2 网络视频的获取与转换

1. 网络数字视频的获取

网络上有很多在线数字视频资源,对于这些视频,可以通过以下四种方法获取。

(1) 通过视频资源的官方工具下载在线视频资源

像优酷、爱奇艺、腾讯视频等视频网站都有自己的客户端,在它们的网站上也可以看到下载的按钮。图5-2所示为优酷客户端的下载方法。

图5-2　优酷客户端下载方法

当然,也可在视频门户网站的网页中找到想要下载的视频,打开之后在视频的下方可以看到"下载本视频"相关提示,点击之后会提示下载客户端,下载并安装好客户端后,就可以下载视频了。优酷客户端运行界面如图5-3所示。

图5-3　优酷客户端运行界面

在优酷客户端界面的左侧选择"下载",在出现的界面里对下载的选项进行设置,包括文件下载的保存路径和需下载文件的画质类型等。需要说明的是,对于高清画质的视频,优酷需要注册会员才能下载。

如果需要下载优酷网站的视频,在"下载"界面中,选择"新建下载",在弹出的对话框中,将含有视频资源的网址粘贴到"文件地址"栏中,点击"开始下载"就可以下载优酷网站中的视频了,如图5-4所示。

图5-4　新建下载任务界面

另外,对于下载的视频,若需要进行格式转换的话,勾选"下载完成后自动转码"选项,就可以进行设置转码的输出格式,包括MP4、AVI、FLV等。

（2）通过第三方专用工具下载在线视频资源

常用的第三方专用工具有维裳、硕鼠等,两者各有优势,也可以组合使用。这类视频下载专用软件可分析到大部分视频网站的资源。接下来以硕鼠软件为例,示范说明网页中视频的下载方法。

在硕鼠官网（www.flvcd.com）下载硕鼠软件,根据提示将其安装到电脑,安装之后打开,如图5-5所示。

图5-5　硕鼠客户端下载界面

　　这是一个集成在线视频下载功能的网页浏览器,可以将含有所需视频的网址复制下来,如图5-6所示。

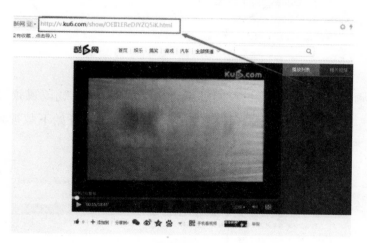

图5-6　复制在线视频网址

　　将复制下来的网站粘贴到硕鼠浏览器中,然后点击"开始"按钮进行视频真实地址解析,如图5-7所示。

图5-7　在线视频网址解析界面

图 5-8 是视频的网址已经解析出来的结果,包含超高清、高清、标清三种清晰度供用户选择,清晰度越高,视频容量越大。

图 5-8　在线视频网址解析结果界面

待视频网址解析出来后,在网址下方出现"用硕鼠下载该视频"按钮,点击则出现图 5-9 所示界面,点击"硕鼠专用链下载",程序将开始下载视频。

图 5-9　下载在线视频界面

(3) 通过浏览器的功能扩展或插件下载在线视频资源

一般浏览器都有"嗅探"等下载在线视频的功能,如 360 浏览器、遨游浏览器(Maxthon)等。在浏览器地址栏中输入在线视频网站,调用 Maxthon 提供的在线视频嗅探工具——网页嗅探器,即可嗅探当前页面的视频真实下载地址并可下载。Maxthon 目前提供的"网页嗅探器"可以嗅探的媒体文件格式有 FLV、RM、AVI、SWF、MP3、WMA 等。

多媒体技术基础教程

（4）通过浏览器的"开发者工具"来实现在线视频资源的下载

这是一种不借助任何第三方资源获取工具获取资源下载地址的方法。一般浏览器中按"F12"键可以快速打开"开发者工具"模式，或在浏览器的"工具"菜单下能找到该功能，如图5-10所示。

图5-10　浏览器"开发人员工具"功能

默认弹出的是网页代码浏览窗口，如图5-11所示。

图5-11　浏览器"开发人员工具"界面

143

点击Network标签,如果以前打开过,系统就会默认直接打开到这里。刷新页面,也就是页面重新载入(快捷键为F5),并播放视频,如果不刷新,或者先播放视频再点开"开发者工具",是捕获不到视频地址的,如图5-12所示。

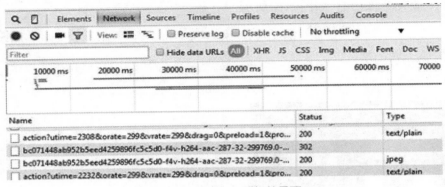

图5-12 "Network"标签界面

此时,视频文件的地址已经显示出来,只需在Network标签界面"Type"下查找跟视频相关的类型就可找到。一般而言,网络上的视频文件采用MP4格式较多,也有FLV格式,如图5-13所示。

	200	text/xml	id_XMjY1NTQ4MTE4MA==.html?...
	200	text/xml	id_XMjY1NTQ4MTE4MA==.html?f...
	200	text/plain	id_XMjY1NTQ4MTE4MA==.html?f...
e66b542dce83&ups_c...	200	video/x-flv	id_XMjY1NTQ4MTE4MA==.html?f...
	200	x-shockwave-flash	id_XMjY1NTQ4MTE4MA==.html?f...
	200	text/html	id_XMjY1NTQ4MTE4MA==.html?f...
	(failed)	x-www-form-urlen...	id_XMjY1NTQ4MTE4MA==.html?f...
e66b542dce83&ups_c...	200	video/x-flv	id_XMjY2NTQ4MTE4MA==.html?f...
	(failed)	x-www-form-urlen...	id_XMjY1NTQ4MTE4MA==.html?f...
	200	text/plain	id_XMjY1NTQ4MTE4MA==.html?f...

图5-13 在线视频地址显示界面

在"Type"下方会显示文件格式,寻找需要的视频格式。这里采用FLV格式进行举例。如果不确定该网站的视频是FLV格式或其他格式,可以使用过滤器来进行查找。

在过滤器下方的"Filter"栏输入想要的视频格式,如图5-14所示。

图5-14 文件筛选器界面

开始复制地址,准备下载。在找到的视频地址上右键单击,选择"Copy link adderss"(复制链接地址),如图5-15所示。

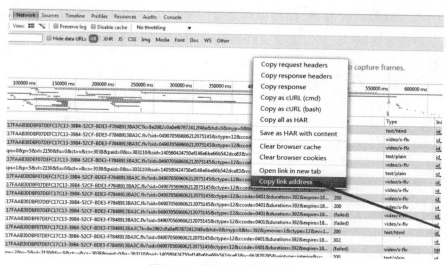

图5-15 复制在线视频地址

将视频资源的地址复制到迅雷等下载工具中,即可实现在线视频资源的下载。

当然,对于网络在线视频的获取,最核心的步骤是获取在线视频的真实地址,有时单一的途径不一定奏效,此时就需要综合运用上述方法。

2. 数字视频格式转换与压缩

在进行视频制作与使用过程中,为了保证视频编辑工具对视频格式的支持、减小插入视频数据的大小,也需要对视频格式进行转换与压缩。如使用会声会影、Adobe Premiere 等非线性编辑软件来编辑处理视频,其支持的视频格式一般有 AVI、MOV、MP4 等,需将网络下载的流媒体格式资源转换成视频编辑软件支持的格式;或者在上传网络视频时,需要对较大的视频文件进行压缩。

目前,视频格式转换与压缩的软件非常多,如格式工厂、WinMPG Video Convert(视频转换大师)、狸窝全能视频转换器、艾奇全能视频转换器、Canopus ProCoder、小丸工具箱等。其中,小丸工具箱是一款非常专业的免费视频压缩软件,可以帮助用户在不损失画质的前提下快速将视频文件进行最大限度的压制,对视频文件的体积进行大幅缩减,主要功能包括:高质量的H264+AAC视频压制;ASS/SRT 字幕内嵌到视频;AAC/WAV/FLAC/ALAC 音频转换;

MP4/MKV/FLV的无损抽取和封装等。下面以此软件为例,讲解如何一次性转换多个AVI格式视频为MP4格式。

　　小丸工具箱比较简单,操作页面上方为单个文件转换区域,中间为压缩与转换参数设置区域,下方为批量文件转换区域,如图5-16所示。

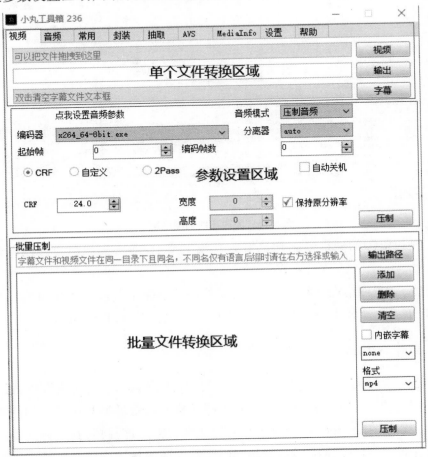

图5-16　小丸工具箱主界面

　　首先,选中需要转换的视频文件后,按住鼠标左键直接将其拖拽至小丸工具箱主界面下方的"批量文件转换区域",或者点击右侧"添加"按钮,添加需要转换的视频文件。

　　点击"输出路径"选择导出后文件的存储位置;在右下侧"格式"选择框中选择导出文件的格式,这里可以选择的格式有MP4、MKV、FLV、MOV、AVI和F4V,如图5-17所示。

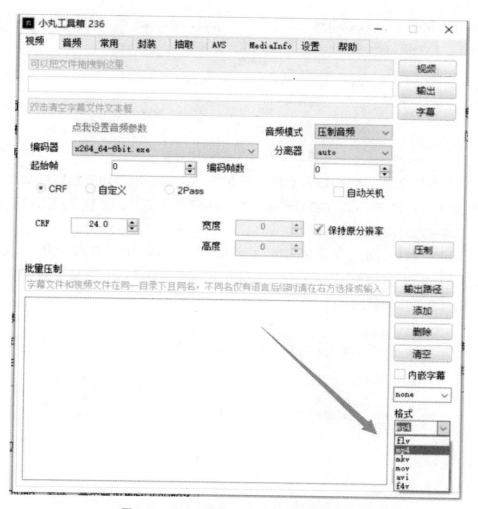

图5-17 小丸工具箱所支持的导出文件格式

在中部的选项"CRF"(Constant Rate Factor)是非常优秀的码率控制方式，可以无需2pass压制也能实现非常好的码率分配利用。在选择时，质量的范围在1.0～51.0，一般设置21～25就可以，此值越大码率越低。21可以就可以压制出高码率，网络播放视频一般设为24即可，如图5-18所示。自定义模式是手动输入x264参数进行压制，如输入"--preset medium"。若预置了常用压制参数，用户可以在preset文件夹下手动添加常用参数。

起始帧是开始编码的第一帧。编码帧数即从起始帧开始计算的全部编码帧数，当设为0时为编码全部帧。

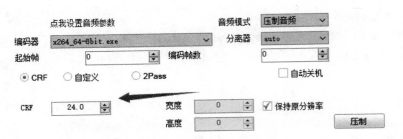

图 5-18　小丸工具箱参数设置

当参数全部设置完成后,点击右下方"压制"按钮,软件即开始启动视频压制,如果文件较多,可以在参数区域选择"自动关机",这样在视频全部压制完成后即可实现自动关机。

同时,该软件也支持音频压制,音频压制可以单独或批量进行,选中主界面上方的"音频"选项卡,即进入音频压制页面,如图 5-19 所示。音频压制的操作方法与视频压制相同。

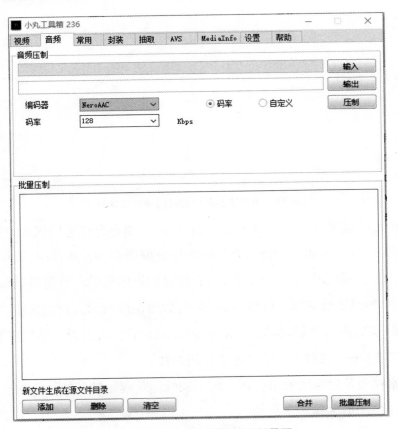

图 5-19　小丸工具箱音频压制界面

多媒体技术基础教程

有时,我们会有想要单独抽取视频中音频或视频的需要,小丸工具箱也提供了此项功能,在主界面进入"抽取"选项卡,如图5-20所示,导入源素材视频,点击"抽取音频"或"抽取视频"即可将源视频中的音频或视频单独抽出,保存在源视频所在文件夹中。

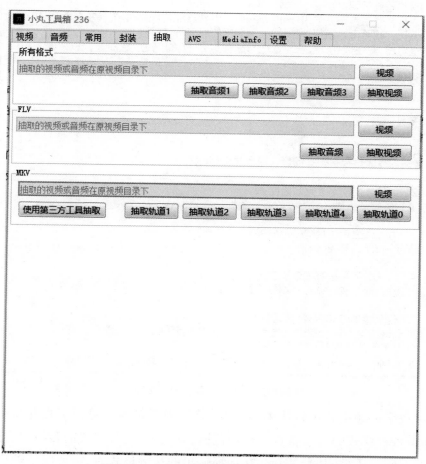

图5-20　小丸工具箱音视频抽取操作界面

小丸工具箱音视频压缩质量在同类软件中相对较好,其功能依然在不断完善中,高级的设置参数可以参考其提供的帮助,如图5-21所示。

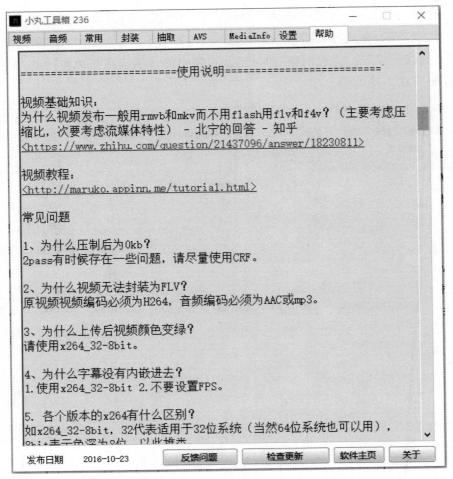

图5-21 小丸工具箱帮助页面

    对数字视频格式进行压缩与转换,首先需要对各种视频格式有基本的了解,知道各种格式的基本特点与应用范围;其次,在视频格式的转换中,会涉及视频的编码与压缩问题。因此,在选择输出的视频格式时,需要明确输出格式的目的,如是手机媒体、网络流媒体还是本地的视频后期剪辑处理,应根据视频的目的与载体的不同进行压缩质量与文件格式的选择。

5.2 数字视频处理

数字化的视频编辑技术不仅让人们体验到了前所未有的视觉冲击效果,数字视频的编辑和制作也已经开始慢慢融入人们的日常生活,给人们的日常生活带来了无穷的乐趣。正是因为看好数字视频编辑在PC领域的广阔应用前景,国内外众多的专业厂商纷纷抢占这一市场,推出自己的视频编辑系统。

5.2.1 常用视频编辑软件介绍

1. 会声会影

初学视频处理,可以使用会声会影(Corel VideoStudio),目前最新中文版为会声会影2022。它是一个功能强大的视频编辑软件,具有图像抓取和编修功能,可以抓取、转换MV、DV、TV和实时记录抓取画面文件,并提供有超过100多种的编制功能与效果,可导出多种常见的视频格式,可以直接制作成VCD和DVD等光盘,支持各类编码,包括音频和视频编码,是最简单好用的DV、HDV影片剪辑软件之一。

会声会影具有操作简单、界面简洁明快、功能丰富等特点。它提供了完整的影片制作解决方案,从编辑、设计、制作到分享,极大提高了用户的工作效率。其功能虽然无法与Vegas、Adobe Premiere和EDIUS等专业视频处理软件媲美,但它更适合普通大众使用,在用户中形成了良好口碑,在国内普及度较高。

2. Vegas

进阶版视频编辑软件可以使用Vegas。Vegas是PC上最佳的入门级视频软件,集影像编辑与声音编辑功能于一体,具备强大的后期处理功能,让创造者可以随心所欲地对视频素材进行剪辑合成、添加特效、调整色彩、编辑字幕等操作,可以为视频素材添加音效、录制声音、处理噪声以及生产环绕立体声等。此外,Vegas还可以将编辑好的视频迅速输出为各种格式的影片,直接发布于网络、刻录成光盘或打印到磁带中。从普通的MV制作,到企业宣传片、婚庆片、纪录片、电视剧、微电影甚至院线电影,Vegas都可以胜任剪辑工作以及部分特效。而且Vegas的版本发展也是相当迅速,几乎一年就有一次重大的更新,目前最新版本为Vegas Pro 18。在1.0~3.0的版本中,Vegas本身对于视频的处理能力还是相当弱的。但是从4.0版本开始,Vegas经历了一次重大的脱胎换骨式的更新,在视频处理能力方面实现了重大突破。得益于Vegas强大的导入、渲染导出、快捷的剪辑方式,使用Vegas的用户也越来越多。

3. Premiere/EDIUS

Premiere是Adobe公司出品的一款用于影视后期编辑的软件,是数字视频领域普及程度最高的编辑软件之一,有助于提升用户的创作能力和创作自由度,易学、高效、视频剪辑精确。由于Premiere并不需要特殊的硬件支持,很多对视频编辑感兴趣的人往往在电脑里都装了这款软件。目前常用的Premiere版本的有CS4、CS5、CS6、CC 2014、CC 2015、CC 2017、CC 2018、CC 2019、CC 2020、CC 2021以及CC 2022版本。

Premiere是一款编辑画面质量比较好的软件,具有良好的兼容性,可以与Adobe公司推出的其他软件相互协作。目前这款软件广泛应用于广告制作和电视节目制作中,是视频编辑爱好者和专业人士必不可少的视频编辑工具。它提供了视频采集、剪辑、调色、美化音频、字幕添加、输出、DVD刻录等一整套流程,并与Adobe公司旗下其他软件高效集成,满足用户创建高质量作品的要求。

EDIUS是美国Grass Valley(草谷)公司出品的非线性编辑软件,专为广播和后期制作环境而设计,拥有完善的基于文件的工作流程,提供了实时、多轨道、多格式混编、合成、色键、字幕和时间线输出功能。软件支持当前所有标清、高清格式的实时编辑,是混合格式编辑的绝佳选择。EDIUS因其迅捷、易用和可靠的稳定性为广大专业制作者和电视人所广泛使用。

4. After Effects

After Effects是Adobe公司推出的一套视频后期处理软件,功能上它不同于一般的视频剪辑软件,它主要用于视频2D和3D合成、动画和视觉效果制作,适用于设计和视频特效等行业机构,包括电视台、动画制作公司、个人后期制作工作室以及多媒体工作室等,现也有越来越多的用户将其用于网页设计和图形设计中。After Effects属于层类型(区别于节点型)后期软件,可以对多层的合成图像进行控制,制作出天衣无缝的合成效果;同时引入关键帧、路径等技术,使对二维动画的高级控制游刃有余;与Premiere一样,保留有与Adobe其他优秀软件的相互兼容性,实现使用者的各类艺术创意。

5.2.2 数字视频编辑应用实践

完整的数字视频编辑流程一般包括以下七个基本步骤:

第一,准备素材文件。依据具体的视频剧本要求,收集各类素材,包括视频文件、音频文件、动画文件、静态图像等。

第二,进行素材的剪切。对各类原始素材进行剪切,设置素材的入点和出点,选取一个素材中的一部分或全部作为有用素材,将其导入最终要生成的视频序列中。

第三,进行画面的简略编辑。运用视频编辑软件中的各种剪切编辑功能进行各个片段的编辑、剪切等操作,完成编辑的整体任务,目的是将画面的流程设计得更加通顺合理,时间表现更加流畅。

第四,添加视频特效。添加各种过渡特技效果,使画面的排列以及画面的效果更加符合人的观察规律,进一步完善画面效果。

第五,添加字幕。一般做视频节目,比如电视节目、新闻或者采访的片段中,必须添加字幕,以更明确地表示画面的内容,使人物说话的内容更加清晰。

第六,处理声音效果。在非编软件的声道线上,调节左右声道或者调节声音的高低、渐近、淡入淡出等效果。

第七,生成视频文件。对时间线中编排好的各种剪辑和过渡效果等进行最后生成,渲染成一个最终的视频文件。

1. 视频处理实践基础篇——会声会影的使用

下文将介绍利用会声会影X9版制作一段摄影作品的步骤,用以说明会声会影视频制作的一般过程方法。在这个视频中,我们主要利用摄影实践时拍摄的图片为素材,利用会声会影进行剪辑合成,同时每幅图像添加文字进行介绍说明,图片之间过渡设置转场特效,视频配上背景音乐,最终渲染输出成一条完整的摄影作品展示视频。

（1）导入素材

打开会声会影，在视频轨上单击鼠标右键，弹出插入媒体菜单，选择需要插入的媒体类型，在打开文件的对话框内，浏览找到所需要的视频或者图片，点击"打开"即导入媒体文件到视频轨，可一次性导入多张图片，如图5-22所示。

图5-22 插入图片

（2）添加特效

添加转场，将素材都添加到视频轨上之后，切换到故事板视图，如图5-23所示。

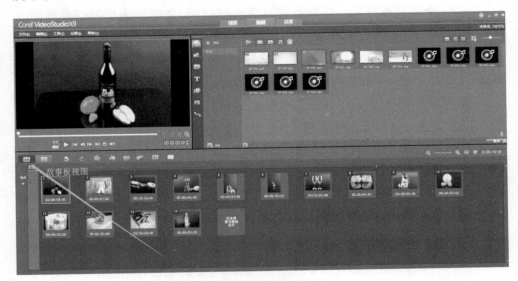

图5-23 切换故事板视图

在故事板视图中，点击视频预览窗口右方的"转场"图标，如图5-24所示，打开转场特效窗口。

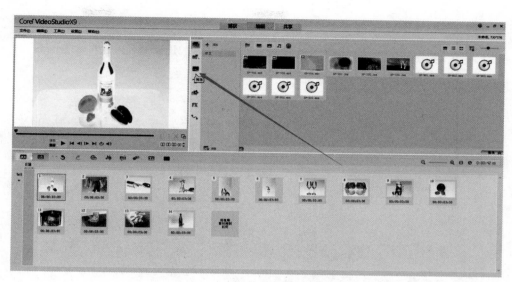

图5-24 转场视图

在特效窗口中,任选其中一个转场,按住鼠标左键拖到两个素材中间后松手,即为两段视频之间的过渡设置了转场特效,如图5-25所示。

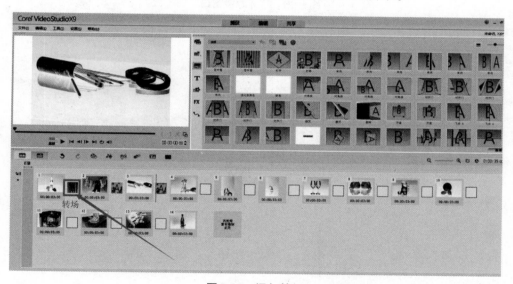

图5-25 添加转场

（3）添加滤镜

在会声会影X9中,软件提供了多种滤镜效果,添加滤镜也就是通常所说的为视频添加滤镜特效。在对视频素材进行编辑时,只需将它应用到视频素材上即可。通过视频滤镜不仅可以掩饰视频素材的瑕疵,还可以令视频产生出绚丽的视觉效果,使制作出的视频更具表现力。

点击"滤镜"图标,打开视频滤镜窗口,如图5-26所示。

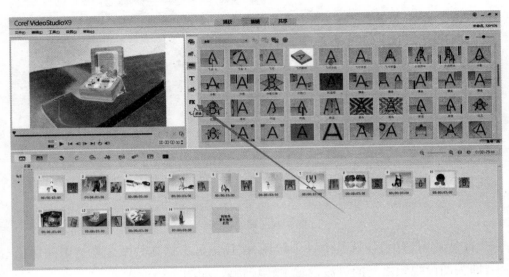

图5-26　打开滤镜窗口

任选其中一个滤镜,按住鼠标左键拖到素材上面后松开,即为该素材添加了视频滤镜,如图5-27所示。

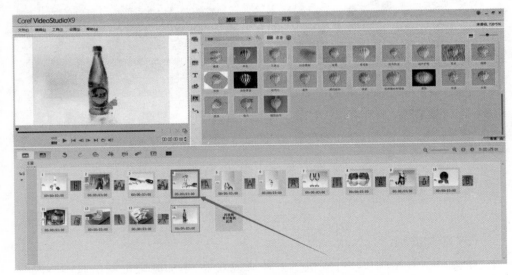

图5-27　拖动滤镜特效到素材

（4）添加字幕

切换到时间轴视图,点击视频预览区域右侧的字幕图标,打开字幕设计视图,如图5-28所示。

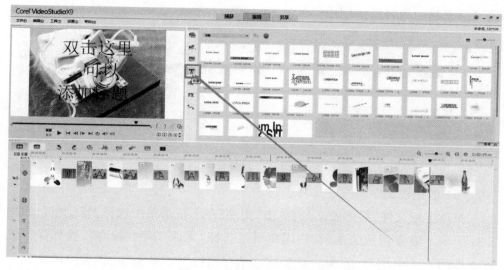

图5-28　打开字幕设计窗口

在标题字幕中选择合适的标题格式拖入到标题轨道中,双击标题轨中的标题,在预览窗口中输入文字内容,在文字外单击后可对标题进行拖动。在时间轴将字幕长度调整到与照片一致,表征字幕长度与图片播放时间一致,如图5-29所示。

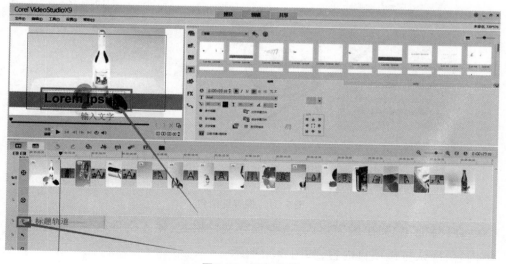

图5-29　添加字幕

（5）添加音乐

在声音轨上单击鼠标右键，选择"插入音频—到声音轨"，在对话框中选择一首音乐素材，如图5-30所示。拖动尾端，调整长度与照片素材一致，或者根据自己素材的内容自由创作。

图5-30　添加音乐

（6）渲染输出

保存工程文件，具体做法是：单击"文件"在下拉菜单中选择"智能包"，如图5-31所示。需要注意的是，有些用户直接选择"文件"下的"保存"，这样保存工程文件的方式不推荐，因为一旦素材移动存储位置或者删除，就会出现文件无法打开的情况。

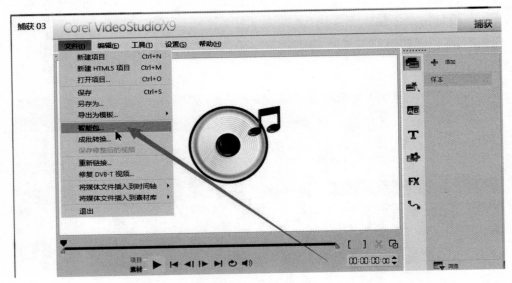

图5-31　保存智能包

在"智能包"弹出的窗口内，选择保存文件格式，输入文件名称、主题、描述等内容，确认打包项目内容，如图5-32所示。

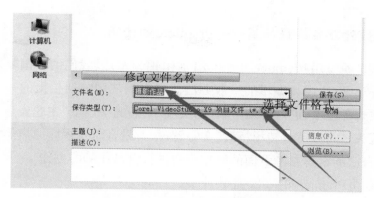

图5-32 保存文件名及保存类型

（7）输出文件

在程序主界面标题栏中间区域，点击"共享"标签，在弹出的窗口内选择"自定义"，在"格式"下拉菜单中选择视频输出格式为"MPEG-4"，命名输出的视频文件、文件保存位置等，最后点击"开始"按钮，文件就会被渲染输出，如图5-33所示。

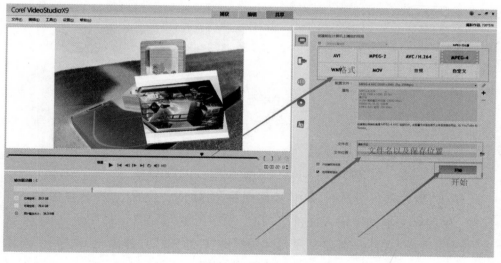

图5-33 输出文件

由于会声会影使用简单，使用者不需要进行复杂的设计就能做出炫目的效果，软件内还集成包括影视片头、特效装饰等内容，制作过程中还可以根据需求给影片加上片头、特效装饰等，让影片画面呈现更完美。

2. 视频处理实践提高篇——Premiere 的使用

接下来,通过用 Premiere Pro 2021 剪辑视频短片《我们的中国梦》,来介绍 Premiere Pro 2021 视频编辑的一般方法。本案例选用前期拍摄的一些相关素材,利用蒙太奇技术,进行合理剪辑,以实现"我们的中国梦"主题表达。在作品中,视频镜头之间过渡有转场特效、文字解说、背景音乐及视频原声等。读者也可以利用自己的素材参考下面的操作步骤进行自己作品的创作。

(1) 启动 Premiere Pro 2021 软件

启动 Premiere Pro 2021 软件,弹出"欢迎使用 Adobe Premiere Pro"欢迎界面,如图 5-34 所示。

图 5-34　Adobe Premiere Pro 2021 主界面

单击"新建项目"按钮,弹出"新建项目"对话框,"位置"选项选择保存文件路径,在名称文本框中输入文件名"我们的中国梦",如图 5-35 所示。单击"确定"按钮,选择"文件—新建—序列"(快捷键"Ctrl＋N"),弹出"新建序列"对话框,在左侧的列表中展开"DV PAL"选项,选中"标准 48 kHz"模式,在序列名称文本框中输入序列名"我们的中国梦",如图 5-36 所示,单击"确定"按钮,确认新项目的建立。

图5-35 "新建项目"对话框

图5-36 "新建序列"对话框

（2）导入素材

选择"文件—导入"命令，弹出"导入"对话框，选择D盘中的"D：\新建文件夹\视频素材\'01.mp4''02.avi''03.mp4'"文件，单击"打开"按钮，导入视频文件，如图5-37所示。导入后的文件排列在"项目"面板中，如图5-38所示。

图5-37 "导入"对话框

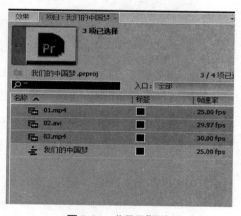

图5-38 "项目"面板

（3）素材的剪切

按住"Ctrl"键，在项目面板中分别单击01、02和03文件并将它们拖拽到"时间线"窗口中的"视频1"轨道中，如图5-39所示。

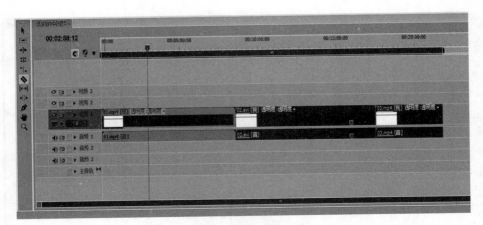

图 5-39　"时间线"窗口

在"时间线"窗口拖动播放指示器,移到要播放的素材片段位置,素材就会自动显示在监视器窗口中。使用监视器窗口下方的工具栏可以对素材进行播放控制,方便查看剪辑,如图 5-40 所示。

图 5-40　"源"监视器窗口的工具栏

在工具面板中选择"剃刀"工具。将鼠标指针移到需要切割影片片段的"时间线"窗口中的素材上并单击,即可分割为两个素材,如图 5-41 所示。如此反复,最后选中不需要的素材,单击鼠标右键,在出现的下拉框中选择"波纹删除",即可删除。

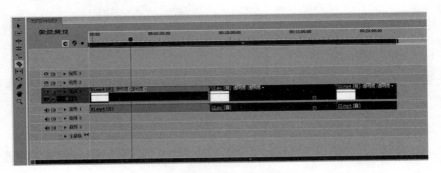

图 5-41　用"剃刀"工具剪切素材

在"时间线"上选择一个视频,单击鼠标右键,在出现的下拉框中选择"速度/持续时间"选项,如图5-42所示。弹出"剪辑速度/持续时间"对话框,将速度设置为500%,如图5-43所示,单击"确定"按钮。

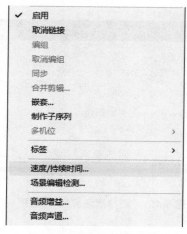

图5-42　鼠标右键下拉列表　　　　图5-43　"速度"设置对话框

（4）添加特效

选择"窗口/效果"命令,弹出"效果"面板,展开"视频切换"特效分类选项,单击"划像"文件夹前面的三角形按钮将其展开,选中"圆划像"特效,如图5-44所示。将"圆划像"特效拖拽到"时间线"窗口中的需要添加特效的两个片段之间,即给两段视频中间加上了"圆划像"的视频切换特效,可在"节目"监视器中查看效果。

单击"项目"面板下方的新建按钮,在弹出的对话框中选择"黑场",弹出"新建黑场视频"对话框,单击"确定"按钮,如图5-45所示。再将其拖拽到两个素材之间,即添加了黑场效果,可在"节目"监视器中查看效果。

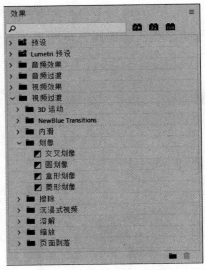

图5-44 "效果"面板

图5-45 "新建黑场视频"对话框

（5）添加字幕

选择"文件—新建—旧版标题"命令，弹出"新建字幕"对话框，如图5-46所示。单击"确定"按钮，弹出字幕编辑面板，选择"输入"工具，在字幕工作区中输入所需文字，然后在"字幕属性"子面板中进行设置，如图5-47所示。

图5-46 "新建字幕"对话框

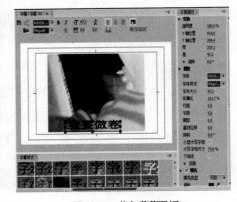

图5-47 "字幕"面板

设置好文字的位置和属性后，关闭字幕编辑面板，新建的字幕文件自动保存到"项目"窗口中。在"项目"面板中选中编辑好的字幕并将其拖拽到相应的视频轨道上方，如图5-48所示。如此反复，直至添加完所有字幕。

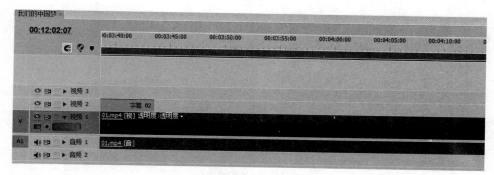

图5-48 添加字幕

（6）音频的处理

选择"文件—导入"命令，弹出"导入"对话框，选择需要的音频素材，如图5-49所示，单击"打开"按钮，素材就会被导入项目面板中。

图5-49 导入对话框

将音频素材拖拽到相应的视频下方，做到声画同步。选中一个音频素材，在效果面板中选择"音频特效"，在音频特效的下拉菜单中选择"低音"特效，如图5-50所示，并将其拖拽到所选音频上，再通过"特效控制台"来设置参数，如图5-51所示。

第5章 数字视频技术及处理

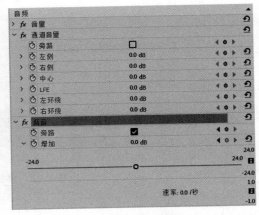

图5-50　"音频"特效面板　　　　图5-51　"特效控制台"面板

（7）生成视频文件

选择"文件—导出—媒体"命令，快捷键是"Ctrl＋M"，弹出"导出设置"对话框，在"格式"一栏选择"AVI"格式，勾选"导出音频"和"导出视频"，如图5-52所示。单击"导出"按钮即可。

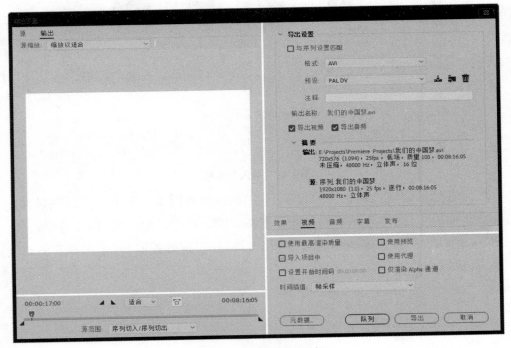

图5-52　导出设置对话框

在使用Premiere软件的过程中，由于占用系统资源较大，容易发生系统"假

多媒体技术基础教程

死"的状况。在导入视频的时候,如果视频文件过大,Premiere会需要较长的一段时间进行匹配,也可能会出现"假死",此时要安心等待。在编辑的过程中,记得随时用"Ctrl+S"保存,以免系统突然"假死",前功尽弃。最后在导出视频的时候,要选择合适的格式,并且保证硬盘有足够的空间。

Premiere的功能非常强大,需要大家自己去深入学习、不断尝试和总结。

5.3　手机视频处理

智能手机的摄影摄像功能在刚开始诞生的时候,并未被认为是艺术创作的工具。毕竟,微小的感光元件和简陋的镜头无法拍摄出与专业相机相媲美的影像。但随着智能手机的普及与升级,凭借其强大的可延展性和便携性,它俨然已经超越个人电脑与电视,成为现代社会依赖度最高的电子设备。从2G、3G、4G以至5G,伴随着移动网络的发展,手机正在不断地被赋予种种"神奇",而"移动视频"也早已成为各大手机厂家的必选项。

5.3.1　手机对视频创作的意义

人们越来越重视手机拍摄的可能性,毕竟,大多数人不会每次出门都带着相机,但手机几乎是每时每刻随身携带的。以图片和视频为主要内容的社交网络的兴起,更推动了手机厂商想方设法提升手机的拍摄质量,多镜头、高帧率等种种高科技含量的功能纷纷加入,让手机的拍摄功能日益强大,已经成为连专业摄影师也不会忽视的拍摄工具。

在电影领域,很早就有专业人士尝试使用手机作为拍摄工具。2011年,韩国导演朴赞郁使用iPhone 4拍摄了短片《波澜万丈》,并获得了当年的柏林国际电影节最佳短片奖。2015年,美国导演肖恩·贝克使用三台iPhone 5拍摄了长片电影《橘色》,得益于iPhone 5出色的画质和分辨率,这部作品达到了在电影院放映的标准并成功公映。2018年,陈可辛导演用iPhone X拍摄的短片《三分钟》在互联网上播出后,不但收获观众的好评,且引起了大众对手机视频拍摄能力的热烈讨论。

这一系列作品的出现,确实证明了手机具有拍摄出质量上乘的视频影像的能力。从技术参数上看,当前主流手机具有的以下几个功能,对视频作品的制作具有很大意义。

(1) 高清的分辨率。主流手机已经达到了4K的分辨率,而自2019年起部分型号已经可以拍摄8K分辨率的影像。高分辨率已经达到甚至超过了在超清电视、电影院播放的分辨率标准。

(2) 多摄像头。因为手机的机身很薄,无法安装变焦距镜头,这让手机视频的创作受到了很大限制,只能使用等效约为26 mm的广角镜头拍摄。但很多厂商为手机安装了具备不同焦距的多个镜头,部分解决了焦距过于单一的问题。以2019年的iPhone 11Pro为例,它的三个镜头的等效焦距分别为13 mm、26 mm和52 mm,可以胜任大多数视频作品的焦距需求。

(3) 高帧率。帧率的提升,意味着电影中常见的高速摄影带来的"慢镜头"效果通过手机就可以完成。当前主流手机已具备960 fps的帧率,可以拍摄32倍速的慢镜头。

(4) 智能手机的高速处理器和层出不穷的APP,让影像效果具有了更多的可能性。

5.3.2 手机视频编辑工具

随着自媒体大时代的到来,短视频流量覆盖全网,千千万万的普通人都会加入到短视频创作队伍中。手机上优秀的视频制作APP越来越多,很多功能非常强大。常用的有秒简、剪映、快影、VUE vlog、必剪、iMovie等,当然,优秀的手机剪辑软件越来越多,但软件的基本结构和功能都相似,对于想快速学习剪辑软件的人群来说,最重要的是先将一款软件彻底精通,这样对于其他剪辑软件的使用自然也就不是问题。

1. 剪映APP功能详解

剪映APP是抖音推出的一款视频剪辑应用,拥有丰富的剪辑功能,支持剪辑、缩放视频轨道、素材替换、美颜瘦脸等功能,并提供丰富的曲库资源和视频素材资源。它最大的优势是可以自动识别语音,将语音转换为字幕,而且可以添加多个字幕轨道,做一些字幕效果。另外,剪映的设计比较优秀,很容易上手,可以添加画中画视频,还可以将视频导出为1080P甚至更高的质量。由于软件是抖音出品,视频风格也会趋近于抖音,做出来的视频比较炫酷,较为吸引年轻人使用。自2021年2月起,剪映支持在手机移动端、Pad端、Mac电脑、Windows电脑等多终端使用。

（1）剪映APP界面及基本操作

在手机屏幕上点击剪映图标,打开剪映APP,如图5-53所示。进入"剪映"主界面,点击"开始创作"按钮,如图5-54所示。

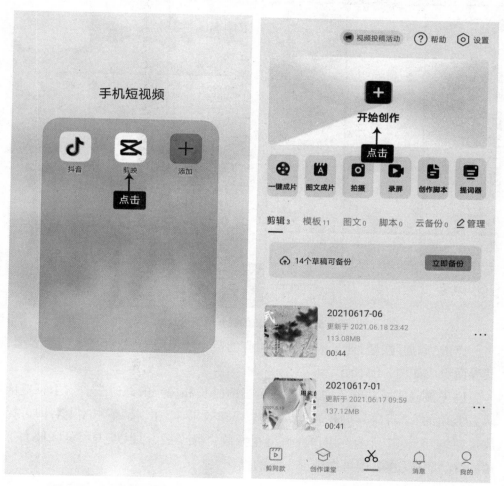

图5-53　点击剪映图标　　　　　图5-54　点击"开始创作"按钮

进入"照片视频"界面,在其中选择相应的视频或照片素材,如图5-55所示。

图5-55 选择相应的视频或照片素材

　　点击"添加"按钮,即可成功导入相应的照片或视频素材,并进入编辑界面,其界面组成如图5-56所示。

　　位于预览区域左下角的时间,表示当前时长和视频的总时长。点击预览区域右上角的"全屏"按钮■,可全屏预览视频效果,点击"播放"按钮▶,即可播放视频,如图5-57所示。用户在进行视频编辑操作后,可以点击预览区域右下角的"撤回"按钮↩,即可撤销上一步的操作。

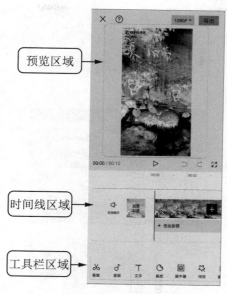

| 预览区域 |
| 时间线区域 |
| 工具栏区域 |

图5-56　编辑界面的组成

图5-57　播放视频

　　在时间线区域中,有一根白色的垂直线条,叫作时间轴,上面为时间刻度。用户可以在时间线上任意滑动视频。在时间线上可以看到视频轨道和音频轨道,还可以增加文本轨道,如图5-58所示。同时,用双指在视频轨道上开合,可以缩放时间线的大小。

| 时间刻度 |
| 视频轨道 |
| 音频轨道 |
| 时间轴 |
| 文本轨道 |

图5-58　时间线区域

第5章　数字视频技术及处理

在时间线区域的视频轨道上点击右侧的加号按钮,如图5-59所示,可以再次进入"照片视频"界面,在其中选择相应的视频或照片素材,如图5-60所示。

图5-59　点击相应按钮

图5-60　选择相应素材

点击"添加"按钮,即可在时间线区域的视频轨道上添加一个新的视频素材。除了以上导入素材的方法外,用户还可以点击"开始创作"按钮,进入"照片视频"界面。在"照片视频"界面中,点击"素材库"按钮,如图5-61所示。进入"素材库"界面后,可以看到剪映素材库内置了丰富的素材,向下滑动,可以看到有黑白场、插入动画、绿幕和蒸汽波等,如图5-62所示。

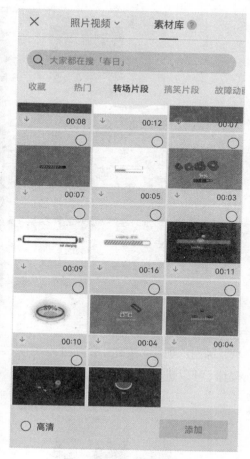

图5-61　点击"素材库"按钮　　　　　　　图5-62　"素材库"界面

　　若用户想要在视频片头做一个片头进度条，只需选择片头进度条素材片段，点击"添加"按钮，即可将素材添加到视频轨道中。

　　在底部的工具栏区域中，不进行任何操作时，就可以看到一级工具栏，其中有剪辑、音频和文字等功能，如图5-63所示。

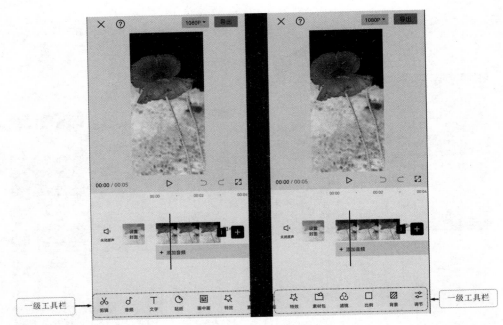

一级工具栏

图 5-63　一级工具栏

　　点击"剪辑"按钮,可以进入剪辑二级工具栏,如图 5-64 所示。点击"音频"按钮,可以进入音频二级工具栏,如图 5-65 所示。

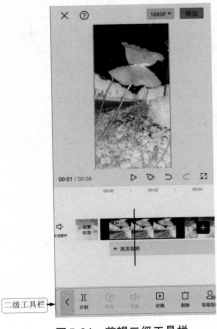

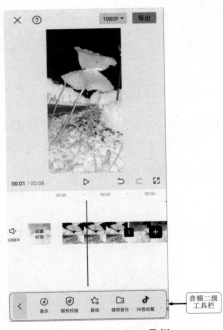

图 5-64　剪辑二级工具栏

图 5-65　音频二级工具栏

多媒体技术基础教程

（2）素材替换功能的实现

打开剪好的短视频文件,向左滑动视频轨道,找到需要替换的视频片段,点击选择该片段,如图5-66所示。

图5-66　点击需要替换的视频

图5-67　点击"替换"按钮

在下方工具栏中,向左滑动,找到并点击"替换"按钮,如图5-67所示。进入"照片视频"界面,选择想要替换的素材,如图5-68所示。替换完成后,新选择的素材会出现在视频轨道上,如图5-69所示。

图5-68　选择需要替换的素材

图5-69　显示替换成功的视频素材

（4）人物美化功能的实现

导入一段视频素材，点击选择该视频轨道，在下方的工具栏中找到并点击"美颜美体"按钮，如图5-70所示。进入"美颜美体"界面后，可以看到有"智能美颜"和"智能美体"两个选项，如图5-71所示。

图5-70　点击"美颜美体"按钮

图5-71　"美颜美体"界面

"智能美颜"按钮，在出现的界面中，当"磨皮"图标显示为红色时，表示目前正处于磨皮状态，拖曳白色圆圈滑块，即可调整"磨皮"的强弱，如图5-72所示。

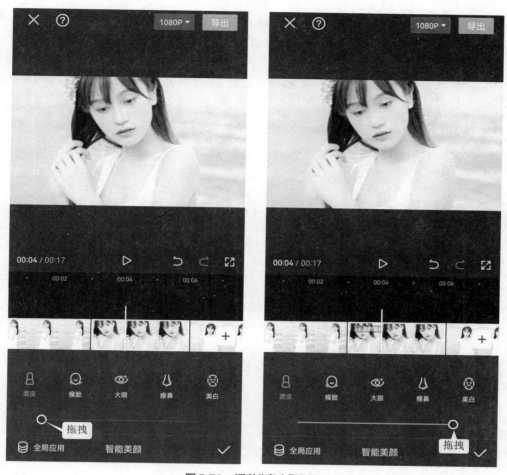

图5-72 调整"磨皮"强弱

　　点击"瘦脸"图标切换至该功能上，拖曳白色圆圈滑块，即可调整"瘦脸"的强弱，如图5-73所示。

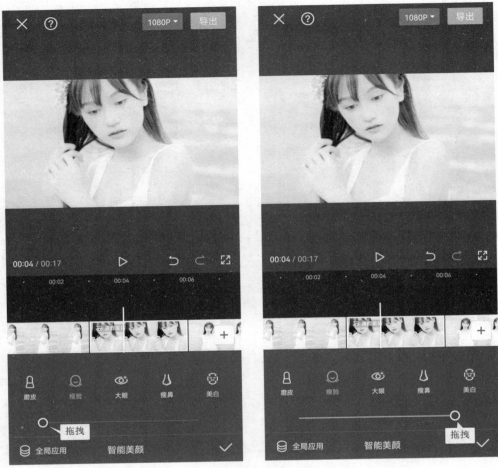

图 5-73　调整"瘦脸"强弱

（5）管理草稿，方便更改

草稿箱包括"剪辑草稿"和"模板草稿"两个选项。"剪辑草稿"中的草稿来自点击"开始创作"按钮后，用户一步步制作的视频。这时点击右上角的"管理"按钮，如图 5-74 所示，可以选择需要删除的草稿，点击"删除"按钮█，即可删除剪辑草稿，如图 5-75 所示。

图5-74　点击"管理"按钮　　　　　图5-75　删除剪辑草稿

　　"模板草稿"来自"剪同款"里面套模板剪辑而成的视频草稿,点击右上角的"管理"按钮,如图5-76所示,选择需要删除的草稿,点击按钮,即可删除模板草稿,如图5-77所示。

图 5-76　点击"管理"按钮

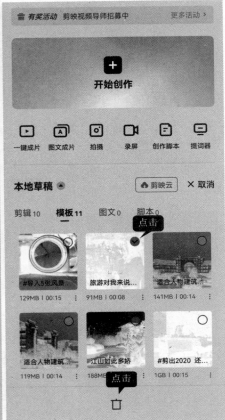

图 5-77　删除"模板草稿"

　　当用户导出视频后,如果发现视频有错误,可在对应草稿箱中找到并点击该草稿,即可对该草稿进行更改。

　　(6) 视频导出,完成剪辑

　　用户将视频剪辑完成后,点击右上角的"导出"按钮,如图 5-78 所示。在导出视频之前,用户还需对视频的分辨率和帧率进行设置,设置好后,再次点击"导出"按钮,如图 5-79 所示。

多媒体技术基础教程

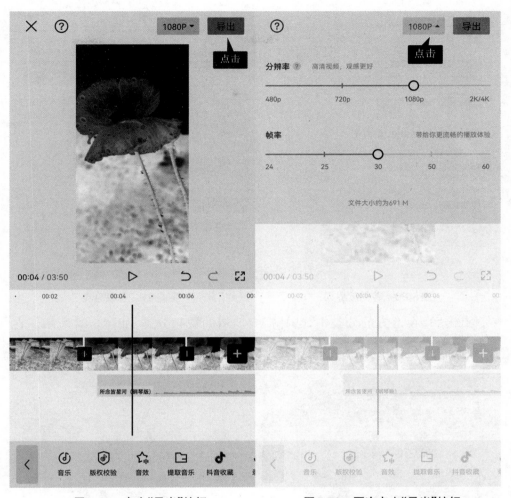

图5-78　点击"导出"按钮　　　　　图5-79　再次点击"导出"按钮

在导出视频的过程中，用户不可以锁屏或者切换程序，导出完成后，选择点击"一键分享到抖音"按钮，即可分享到抖音平台，也可点击"完成"按钮，结束此次剪辑。

2. 剪映编辑实例操作之自动模式——剪同款

在使用剪映剪辑视频时，可以使用剪同款的功能，来套用他人的模板进行快速剪辑。打开剪映进入后，点击下方的剪同款，如图5-80所示。

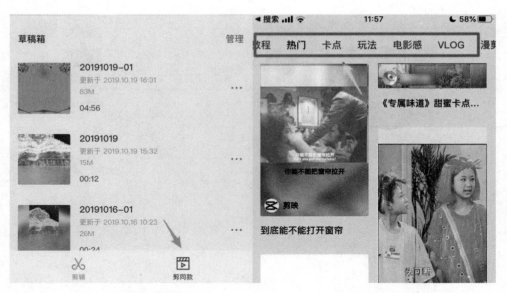

图 5-80　剪同款界面　　　　　　　　　　　　　　图 5-81　视频分类

　　点击后,在上方的分类中,选择需要剪辑的视频分类,如图 5-81 所示。在下方选择需要使用的同款模板进入,如图 5-82 所示。

图 5-82　剪同款模板界面

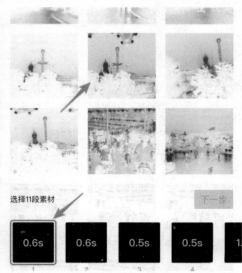

图 5-83　模板资源浏览窗口

多媒体技术基础教程

点击后,在下方会显示素材的个数,点击相册内的视频或者图片,选择素材,如图5-83所示。素材选择完毕后,点击下一步的选项,即可预览用自己素材套用模板的效果。选择右上方导出的选项,即将自己的作品导出,如图5-84所示。

在作品导出过程中,为了防止作品渲染生成出问题,程序会提醒用户不要锁屏和切换程序,提示信息如图5-85所示。

图5-84 作品导出界面

正在导出,请不要锁屏或切换程序

图5-85 作品渲染界面

3. 剪映编辑实例操作之手动模式——开始创作

所谓手动模式,是指视频剪辑中的很多内容,包括转场特效等均需创作者手动设置,创作者需要对软件的使用达到比较熟练程度后能轻松驾驭的。在剪辑视频正式开始之前,需要对软件进行的基本设置,包括自动添加片尾等选项,如果不需要,也可以关闭,如图5-86所示。

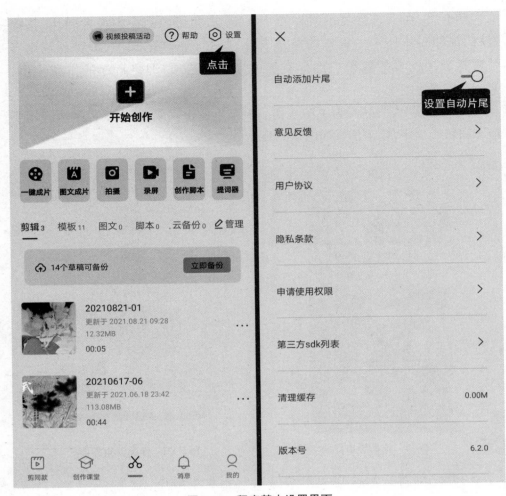

图5-86　程序基本设置界面

　　（1）开始项目，选择需要编辑的视频片段。在基本界面，点击"开始创作"，在选择需要剪辑的视频，再点击添加的视频片段，如图5-87所示。

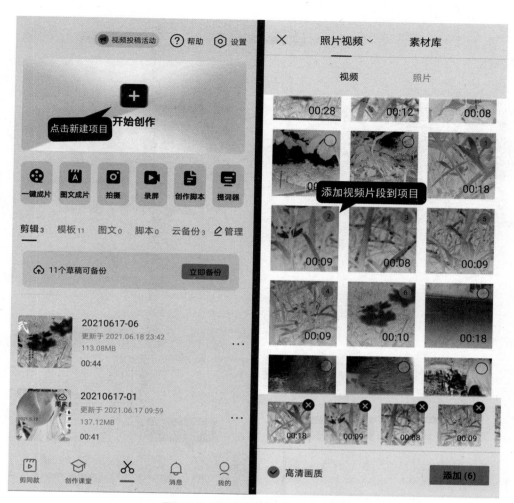

图 5-87　项目开始及视频片段添加

　　（2）声音的处理。待所需要的视频片段添加到项目中后,在时间轴轨道上,如果不喜欢原有音乐或声音,可以关闭视频原声,导入喜欢的音乐或配音,也可以导入外来音频。可以通过对音频轨道的点击,进行有选择性的剪辑,如图 5-88 所示。

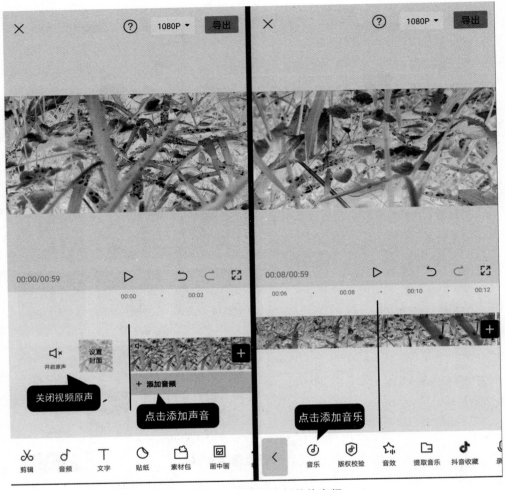

图 5-88　关闭原声添加其他音频

（3）制作字幕。音频做好后，给作品制作字幕，如图 5-89 所示。

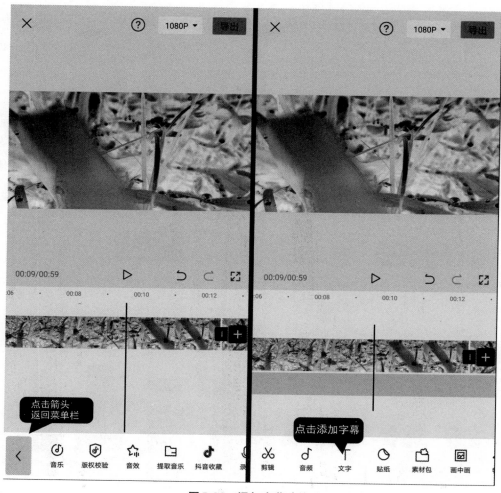

图5-89 添加字幕功能

选择"新建文本",根据情况选择字体和样式。可以适当调整字幕速度、字体大小、加入动画等,要注意字幕与视频内容相对应,如图5-90所示。

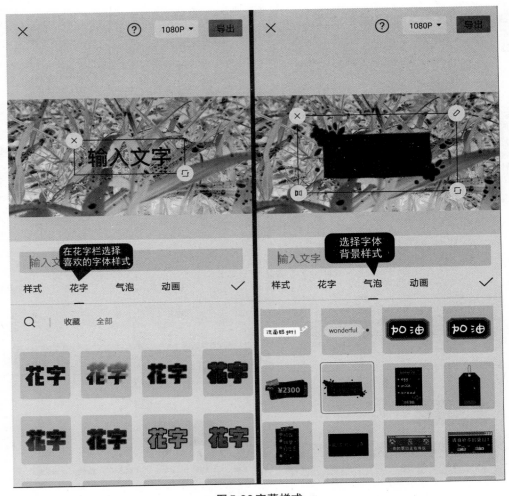

图5-90 字幕样式

（4）作品导出。字幕做好以后，需要预览检查一遍，确保视频正常，检查无异常后导出视频，如图5-91所示。

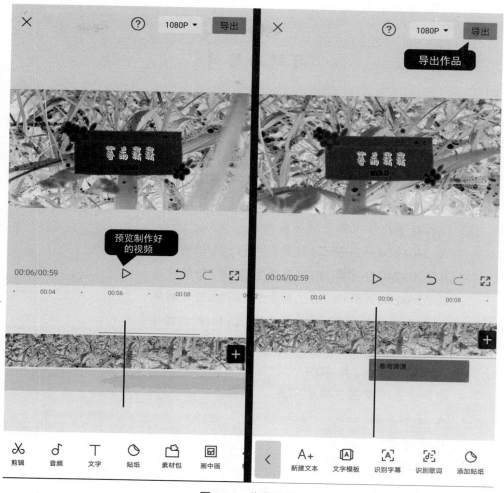

图 5-91 作品导出

视频作品制作后,就可以上传到各个自媒体平台了。剪映视频剪辑功能较为强大,使用也较为简单,大家在使用过程中,多加练习,尤其是文本、音乐、剪辑、音效、滤镜等功能,熟能生巧后,定能做出令人耳目一新的作品。

习题与思考

一、单项选择题

1. 国际上常用的视频制式有(   )。

    (1)PAL 制   (2)NTSC 制   (3)SECAM 制   (4)MPEG 制

    A. (1)   B. (1)(2)   C. (1)(2)(3)   D. 全部

2. 下列数字视频中哪个质量最好?(   )

    A. 240×180 分辨率、24 位真彩色、15 帧/秒的帧率。

    B. 320×240 分辨率、30 位真彩色、25 帧/秒的帧率。

    C. 320×240 分辨率、30 位真彩色、30 帧/秒的帧率。

    D. 640×480 分辨率、16 位真彩色、15 帧/秒的帧率。

3. (   )不是视频格式。

    A. AVI   B. MP4   C. WMV   D. PSD

4. 会声会影不能在视频中完成(   )操作。

    A. 添加字幕

    B. 画中画

    C. 转场

    D. 在视频中插入互动问题,由观众点击选项回答

5. (   )不是视频编辑软件。

    A. Adobe Premiere   B. After Effects

    C. Photoshop   D. EDIUS

二、简答题

1. 什么是视频?简述网络视频的获取方法有哪些?

2. 简述常用的视频文件格式有哪些? 它们各有什么特点?

三、操作题

1. 利用会声会影软件把照片或图片编辑成一部短片,要求影片有背景音乐、字幕、转场、滤镜效果,并制作成1080P规格的高清MP4格式视频。

2. 熟练使用Adobe Premiere软件,以"我们的学习生活"为主题,利用手机拍摄并制作一部5分钟左右的影片。要求主题突出鲜明,影片需有音乐、背景同期声、字幕、转场等,视频规格为1080P,MP4格式。

3. 利用剪映APP的"剪同款"功能,剪辑一条短视频,要求有音乐、特效、字幕等。

第5章　数字视频技术及处理

第6章　多媒体应用系统设计与开发

 学习目标

◆ 了解多媒体应用系统设计与开发的一般流程

◆ 了解多媒体创作工具软件的功能特点

◆ 掌握多媒体创作工具软件的基本使用方法

【知识结构图】

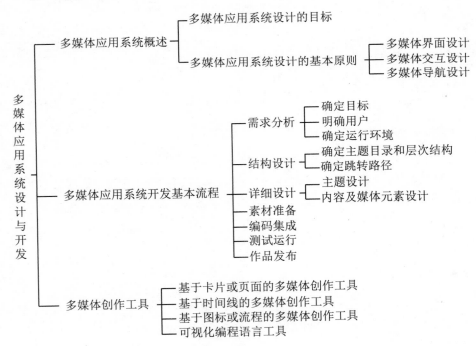

6.1　多媒体应用系统概述

　　多媒体应用系统又称多媒体应用软件或多媒体产品,是由相关领域的专家和设计开发人员利用计算机语言或者多媒体创作工具软件开发出来的面向用户的多媒体应用程序。多媒体应用系统是多媒体技术应用的产物。一个典型的多媒体应用系统是文本、图形图像、声音、动画、视频等多种媒体元素的有机结合,且具有丰富的交互性和高度的集成性。

　　目前,多媒体应用系统的应用较为广泛,涉及人们生产生活的很多方面。不同的多媒体应用系统其特征和功能不同,开发的复杂程度和所需要的工具软件也并不相同。有的多媒体应用系统侧重于多媒体信息的组织与呈现,如多媒体演示系统、多媒体教学课件、电子杂志与书籍等,一般采用多媒体创作工具开发;有的多媒体应用系统具有较强的程序设计要求,如多媒体查询系统、多媒体信息管理系统等,则需要根据系统的要求和功能选择合适的程序语言进行开发。

6.1.1　多媒体应用系统设计的目标

　　从程序设计角度看,多媒体应用系统属于计算机应用软件设计范畴,因此,多媒体应用系统的开发可参照软件开发的方法进行,包含方法、工具和过程三个要素。方法教会多媒体应用系统“如何做”;工具为多媒体应用系统提供了软件支撑环境;过程是为获得高质量的多媒体应用系统所需要完成的一系列任务步骤。

　　借鉴软件工程开发的目标,多媒体应用系统设计的目标可表述为在一定的成本、时间条件下,开发出具有适用性、有效性、可修改性、可靠性、可理解性、可维护性、可重用性、可移植性、可追踪性、可交互性的能够满足用户需求的多媒体软件产品。追求这些目标有助于提高多媒体软件产品的质量和开发效率,减少维护的困难。

　　与一般的软件开发不同的是,多媒体应用系统设计与开发还需要考虑创意设计。好的创意不仅使多媒体应用系统独具特色,还能大大提高系统的可观赏性和实用性。创意设计涉及美学、心理学等多个学科,这对多媒体应用系统的开发人员也提出了更高的要求。大型、综合的多媒体应用系统需要多媒体设计人员、媒体素材处理人员、内容专家等多个领域的人员共同努力才能实现。

6.1.2　多媒体应用系统设计的基本原则

1. 多媒体界面设计

界面是整个多媒体应用系统给人的第一印象。界面设计的好坏很大程度上会决定用户是否会继续观看和使用这个多媒体应用系统。多媒体应用系统的界面设计并没有一个固定的格式,界面布局因系统类型和功能的不同考虑的侧重点也会有所不同。按功能的不同,一般将屏幕分为标题区、正文区、交互区、帮助提示区等,如图6-1所示。标题区和正文区主要用于信息的呈现,一般处于屏幕的醒目位置且占有较大的空间;交互区主要用于用户与应用系统之间的交互操作,引导用户主动参与系统;帮助提示区相当于应用系统的导航,为用户提供帮助,避免迷途或少走弯路。

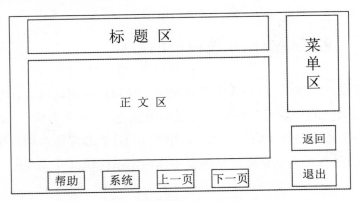

图6-1　多媒体应用系统界面

界面设计是一个复杂的、多学科参与的工程,认知心理学、设计学、美学等在此都扮演着重要的角色。界面是用户与多媒体应用系统沟通的最重要的途径,能为用户提供方便有效的服务。因此在设计时,需要从以下几个方面加以把握:

（1）以人为本的原则。界面的设计要符合目标用户要求。界面的操作要符合用户的思维习惯、生理特点、操作习惯以及方便表达信息等要求。例如,在多媒体教学软件开发时,需要根据用户输入习惯的不同,在设定标准答案时进行模糊匹配、是否区分大小写等操作,如图6-2所示。

本题 共1个填空,总1分

□ 顺序可打乱

[填空1]

分值 1.0

□ 模糊匹配 ⑦ □ 区分大小写

答案1 ⊕

图6-2 多媒体教学软件习题制作截图

再比如说,对于某个城市的信息,用户可以通过输入城市名称进行查找,也可以通过在地图上直接选择这个城市进行查找。对于用户来说,后者显然比前者更容易操作一些。

(2)媒体最佳组合原则。图、文、声、像每一种媒体素材都有其典型特征和适合表达的内容,因此在信息呈现的时候,要充分利用各种媒体信息的优势,优化表达系统;要有机地利用各种媒体信息,对内容进行展现。如图6-3中,制作拼音学习的多媒体教学软件时,采取视频的方式更有助于用户的理解和掌握。另外,在提供足够的信息量的同时,媒体的选择要注意简明、清晰。

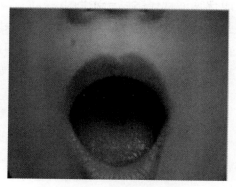

(a)字母"a"发音文本说明　　　　(b)字母"a"发音视频截图

图6-3 媒体组合原则示意图

（3）规则化原则。多媒体界面上所有对象,如窗口、按钮、菜单等处理要保持一致,使对象的动作可预期。在同一个应用系统中,界面中的显示命令、对话及提示信息的设计应尽量统一、规范,且符合用户的认知习惯,用户见到这些命令、对话或提示就能联想到应用系统的结构和要做的操作。如图6-4中,用户的使用习惯是看到空白的圆洞默认为是单选框,空白的小正方形是复选框。

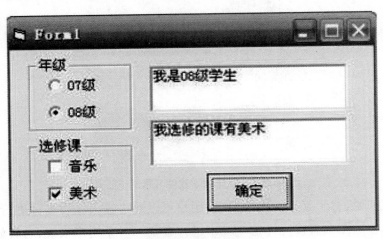

图6-4　单选框、复选框截图

（4）最小信息原则。界面在设计时要考虑采用有助于用户记忆的界面设计方案,尽量减少用户的记忆负担,把想重点表达的内容突出呈现出来。因此在界面的视觉设计上,要上下左右进行平衡,不要堆挤信息,通过主次引导、做顺序标记等方式帮助用户理解。

主次引导要靠空间位置的主次关系来确保流程的合理性,界面各元素应按照视觉的规律给以一定的组合,形成界面的脉络,诱导读者的视线从主到次、从强到弱、从文字到图像等,形成一个和谐的整体。顺序标记则主要出现在界面内容较多的情况之下,在界面上做明确的顺序标记,借助于有先后顺序的符号引导用户按照编排的意图进行观看,如图6-5所示。

古籍 Ancient Books

韩使燕行录

明清两朝,来华的朝鲜使团有关人员将其在华时的所见所闻著录成书,这在朝鲜的历史上统称为《燕行录》。该库为韩国成均馆大学收藏的《燕行录》,内容包含380种具有代表性和研究价值的燕行书籍,记载了路途、使行人员、贡品和沿路所见的风景,对于中国当时的政治、经济、文化、社会风俗都有详略各异的记述。(远程访问用户请登录国家图书馆读者门户访问该资源)

前生旧影

该资源库收录了国家图书馆收藏的新旧照片7000余种10万余张,真实生动地记录了过去的社会事件、历史人物、城乡面貌、名胜古迹和建筑服饰等,人们可从中解读出不同历史时期特定事物的形象特征和真实信息,具有十分重要的历史价值。

中华古籍资源库

"中华古籍资源库"是"中华古籍保护计划"的重要成果,目前在线发布的古籍影像资源包括:国家图书馆藏善本古籍、《赵城金藏》、法国国家图书馆藏敦煌遗书等资源,资源总量超过2.5万部1000余万叶。2016年9月28日,"中华古籍资源库"正式开通运行,在线发布国家图书馆善本古籍影像10975部;2017年2月28日,在线发布国家图书馆善本古籍影像6284部;2017年12月28日,在线发布国家图书馆《赵城金藏》1281部、善本古籍影像1928部;2018年3月5日,在线发布法国国家图书馆藏敦煌遗书5300号。

宋人文集

国家图书馆精选所藏宋人文集善本二百七十五部,首选宋元刊本,次及明清精抄精刻,或经名家校勘题跋之本,通过缩微胶卷还原数字影像,并辅以详细书目建成本全文影像数据库,免费呈献公众利用。

中华古籍善本国际联合书目系统

著录了三十余家海内外图书馆所藏古籍善本,数据达两万多条,并配有一万四千余幅书影。

东京大学东洋文化研究所汉籍全文影像数据库

东洋文化研究所将所藏中文古籍4000余种,以数字化方式无偿提供给中国国家图书馆。

数字古籍

国家图书馆收藏古籍15万部,其中善本古籍直接继承了南宋绍熙殿、元翰林国史院、明

图6-5　中国国家数字图书馆古籍资源库截图

（5）帮助和提示原则。要以一种较明显的方式显示系统状态的变化或对用户的操作做出反应,在必要时给用户一定的提示,同时要让用户能方便地访问帮助系统。举个例子来说,当用户选择答案不正确时,可以通过弹出提示信息或通过声音提示等方式提醒用户。

界面是用户和多媒体应用系统交互的桥梁。为了得到高质量的界面设计方案,通常需要在系统设计的初期或原型产生后对界面设计进行评价,找出方案中的不足。

2. 多媒体交互设计

交互性是多媒体区别于其他传统媒体的主要特征之一。交互过程是一个输入和输出的过程,用户通过人机界面向计算机输入指令,计算机经过处理后把输出结果呈现给用户。用户和计算机之间的输入、输出的形式多种多样,因此交互的形式也是多样化的。交互的关键是多媒体应用系统能否按照用户的

不同需求调整交互,来引导用户主动参与多媒体应用系统的各种活动,进行多层次的思考、判断。通过交互,使用户能更真切地感受到设计者创作思路,使多媒体应用系统更具有开放性。一个完整的交互设计,通常包括交互方法、响应和结果三个组成部分。

(1)交互方法。在设计交互时,一定要选择最有效、方便的交互方式,从而适合目标用户使用。举个例子进行说明,图6-6是百度百科首页的截图,包含搜索对话框,以及"首页""秒懂百科"等若干菜单,当用户将鼠标放置在相应选项上方的时候,自动会弹出关于此选项的相关菜单。搜索对话框属于文本输入的交互方式,"首页""秒懂百科"等则属于菜单选择的交互方式。

对于习惯键盘操作的用户,可以在对话框中直接输入需要查找的内容;对于习惯使用鼠标操作的用户,则可以根据需求选择相应菜单进入下一步操作。

图6-6 百度百科截图

(2)响应。即用户所采取的动作。通常把预测的用户所能做出的任何响应都叫作目标响应。一个好的多媒体应用系统应该能够预测到所有的正确的和不正确的响应,也就是说,必须把所有不正确的响应也作为目标响应并对它们做出相应的处理。

(3)结果。指当多媒体应用系统接收到用户正确或不正确的响应后所采取的动作。如果是正确响应,就按照事先设定好的程序接着向下执行;如果是错误响应就给出判断、反馈、补充等信息。比如打开浏览器并从Internet上开始下载,提示用户密码输入错误等。

3. 多媒体导航设计

导航可以看作是多媒体作品中供用户进行交互的一组超级链接,它可以方便地改变多媒体应用系统的运行流程,使应用系统按照用户的意愿从一个模块跳转到另一个模块,从模块内的一个页面跳转到另一个页面,给用户指明位置方向、可达到的领域及各内容之间的关系。多媒体应用系统的首页相当于门面,导航就相当于门面走向各个页面的通道。能否将系统的内容和服务最大化地提供给用户,很大程度上由导航决定。

多媒体应用系统因信息结构复杂、信息量大,易产生迷失路径,增加不必要的认知负载。导航能让用户清楚地掌握多媒体应用系统结构,产生整体性认知。明确清晰的导航能让用户了解当前内容在多媒体应用系统中所处的位置;能让用户快速准确地找到所需要的信息,并以最近的路径找到这些信息;能让用户根据走过的路径,确定下一步的路径和方向。由于导航对提供丰富友好的用户体验至关重要,因此设计者在设计时要站在用户的角度去考虑设计的具体问题。简单直观的导航能提高作品的易用性,方便用户查找所要的信息。常用的导航策略有以下几种:

(1)浏览图。直观形象的浏览图可以帮助用户明确在多媒体应用系统中的位置。用户能够快速浏览导航信息,并且知道链接分别是哪个层级的导航。例如,图6-7显示的Microsoft网站导航菜单中,当前所处导航位置的文本颜色与其他文本颜色是有区别的,用户能快速定位到自己当前所处的位置。字体样式、字号、字体颜色等这些属性都可以设置在导航中,帮助用户快速了解多媒体应用系统的框架结构。

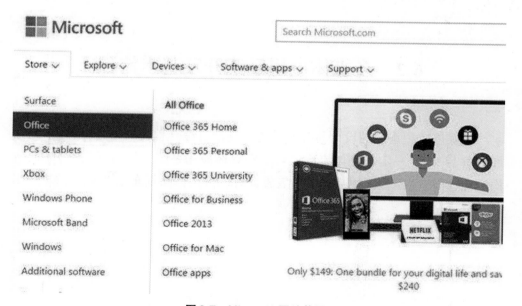

图6-7　Microsoft网站截图

（2）信息隐形。信息隐形是将不常用的或在一定的条件下才会用到的选择工具暂时隐藏起来，只有在条件满足时，才开放给用户，这样就减少了用户的选择。例如，菜单中常常会有某些选项显示为灰色，表明在当前时刻该选项是不能用的，只有在执行了相应的操作后，该选项才可以使用。

（3）减少链数目。一个简单而容易忽视的方法是减少多媒体应用系统中的链数目。链数目越多，应用系统框架结构就越复杂，用户容易产生"迷航"。对关系不明显的节点之间没有必要建立链，建立的链一定要有明确的意义，并且用户能够理解。

（4）安全返回。不要小看"返回"这个设计，当用户在使用过程中遇到困难，或迷途的时候，有了"返回"才能让用户安全地回到大本营，回到中心节点。

导航是多媒体应用系统必不可少的组成部分。在设计上应和整体的多媒体系统风格保持一致。一个优秀的导航，不仅能提供清晰、舒适的信息导向，还能吸引用户，提高作品的利用率。在进行多媒体应用系统设计时，要从内容、形式等多方面综合考虑，选择明确适合的导航方法。

思考与讨论

导航的设计应当明确而具体，方便用户理解。在表述形式上，可采用示意图、表格、文本等多种形式。选取1~2个多媒体应用系统，与小组同学一起讨论该系统在导航设计上的特点。

6.2 多媒体应用系统开发基本流程

多媒体应用系统的设计与开发是一个复杂且综合程度高的过程，需事先做好准备，并按照一定的操作流程进行。多媒体应用系统开发包括需求分析、结构设计、详细设计、素材准备、编码集成、测试运行、作品发布七个阶段，如图6-8所示。

图6-8　多媒体应用系统开发流程

6.2.1　需求分析

需求分析是多媒体应用系统开发的第一个阶段,主要任务是确定多媒体应用系统的设计要求和设计目标。用户提出需求后,设计人员要从不同角度分析其必要性,评估方案的可行性,最终选择一个可行的方案。简单来说,需求分析就是要弄清楚为什么要开发多媒体应用系统,多媒体应用系统要做什么、为谁做,以及所需的运行环境这些问题。

1. 确定目标

多媒体应用系统设计的选题和可行性评估是十分重要的一项工作。通过系统思考,明确为什么要制作这样的应用程序,内容是否适合用多媒体方式来呈现,以及多媒体应用系统要实现什么功能等。只有确定了这几个问题,才能确定多媒体应用系统开发的目标。评估的目的在于确定方案是否可行,能否满足用户的需求。这是开展后续工作的前提和基础。

2. 明确用户

明确用户是指要明确作品是为什么样的目标用户而开发的。在需求分析阶段,需要明确目标用户的基本信息,包括用户的年龄、认知水平、作品使用场合、计算机应用水平、一般特征和使用风格等,便于有针对地展开创作。以图6-9为例,图(a)是面向小学生的语文多媒体课件,图(b)是面向大学生的虚拟仿真实验。可以看出,面向不同学龄的多媒体教学软件在教学软件的风格、使用的媒体元素上存在很大差异,与用户的年龄、认知水平等有很大的相关性。

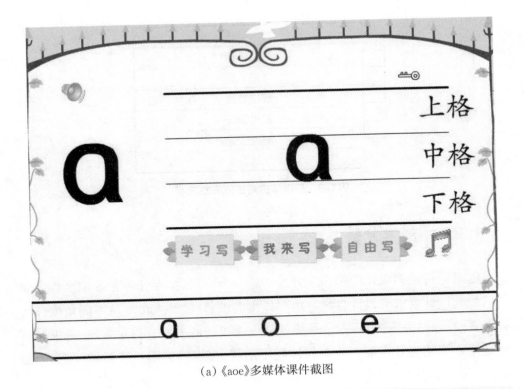

（a）《aoe》多媒体课件截图

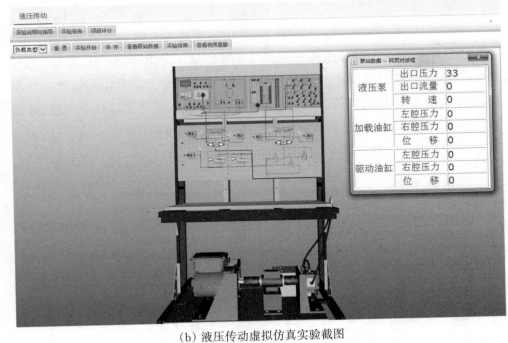

（b）液压传动虚拟仿真实验截图

图6-9　多媒体教学软件截图

确定目标用户后,还需要根据用户的具体需求再进一步优化调整应用系统设计目标。

3. 确定运行环境

由于目标用户平台使用的多样性,设计之前首先要考虑系统的兼容性,要定义好应用软件的最低系统要求,保证在后续的开发过程中,所有的设计都要能够在最低运行环境中流畅使用。

【案例】 《有趣的视觉暂留》多媒体教学课件介绍

《有趣的视觉暂留》多媒体课件是第8届中国大学生计算机设计大赛微课类(课件制作)一等奖作品。

"视觉暂留"的内容是多媒体技术应用课程中的一个核心知识点,是学习动画、视频的理论基础。由于本知识点理论相对抽象,在课程教学中,教师单靠语言很难描述清楚,因此,将知识点内容以微课课件形式进行展示。该课件内容包括三个部分:① 日常生活现象(电风扇),引出"视觉暂留"的概念;② 经典实验视频"小鸟进笼",帮助学习者理解"视觉暂留"的原理;③ 模拟实验操作,让学习者在动手实践中感知视觉暂留,达到知识的内化。

该课件主要运用PowerPoint、Flash等多媒体创作工具,最终生成视频文件,在普通的多媒体计算机上均可流畅运行。

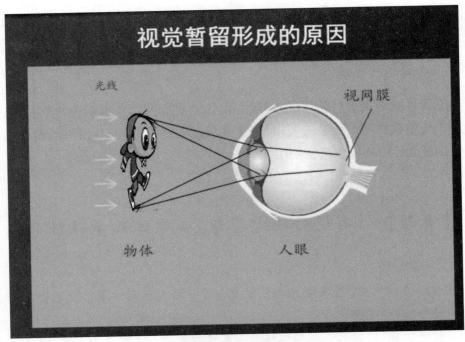

图6-10 《有趣的视觉暂留》课件截图

6.2.2 结构设计

多媒体应用系统的结构设计是多媒体设计人员根据需求分析的结果,形成的一个清晰可行的设计方案。多媒体应用系统结构设计要把握系统的主题和整体框架。并在整体设计的基础上,明确每一部分的具体内容以及相应控制关系等。另外,由于多媒体应用系统具有很强的交互性,因此还需要设计多媒体应用系统的交互方式。多媒体应用系统的结构设计通常包括以下两个方面的内容。

1. 确定主题目录和层次结构

多媒体应用系统如果包含多个内容,就需要设计一个呈现内容信息的主题目录,作为整个系统的查询中心,用来向用户展示相关主题的层次结构和一般浏览顺序。

在确定系统整体结构的基础上,还要明确每个部分内容之间的层级结构。

内容的层次结构包括线性结构、树状结构、网状结构和复合结构四种类型。

（1）线性结构，也称为顺序结构。通常按照时间的顺序或者是某种逻辑顺序来组织信息内容，分为简单线性结构和复杂线性结构两种类型，如图6-11所示。

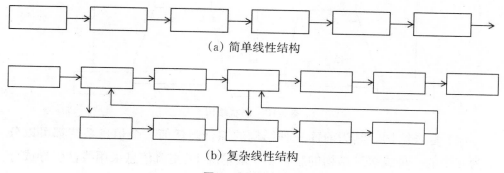

图6-11　线性结构

（2）树状结构，也称为金字塔结构。从信息的起始点开始，如同树根一样向不同的方向线性发散，每个方向称为一条支路，如图6-12所示。支路间是并列的关系。使用时需要根据使用者的互动来判断是进行分支的跳转还是按照顺序执行某个进程。

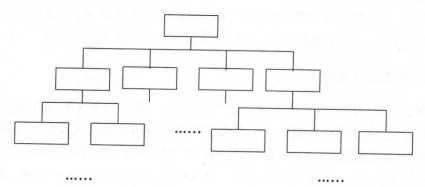

图6-12　树状结构

（3）网状结构。除了具有树状发散的平行支路外，同层的不同支路之间还具有超媒体链接，形成网状结构，如图6-13所示。其中，这种超媒体链接具有两层含义，一是能够从一种媒体信息"链接"到另一种媒体信息；二是信息单元或流程图中节点的链接不仅是顺序的单支路跳转，也可以是多支路的交叉跳转。

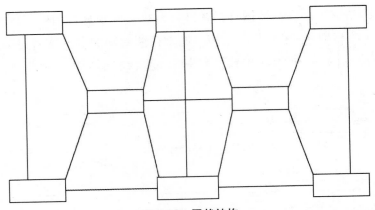

图 6-13　网状结构

（4）复合结构。其为前面三种结构的综合。任何一个信息系统都可以分解为其中的一种或多种结构的组合。一般情况下，主流信息采用线性引导或分层逻辑进行组织，具体分支根据内容再自由设计。

上述四种结构中，线性结构比较简单，导航容易，对使用者的媒体认知能力要求低，但灵活性和互动性相对较差；网状结构相对复杂，信息发散，互动灵活，对使用者的认知能力要求比较高，设计时要注意导航要清晰可用；而树状结构介于线性结构和网状结构之间，支路顺序结构清晰，不同支路之间可以互动选择。因此，多媒体作品的结构安排常采取线性引导主流信息，层层之间具有一定的逻辑关系，具体到模块内部，再根据需要在一定范围内自由航行。

2. 确定跳转路径

为了方便用户与多媒体应用系统之间的交互，除了按照多媒体作品的层级结构进行交叉跳转外，多媒体应用系统还能够根据用户的输入操作改变系统的控制流程，跳转到指向的不同主题。例如，在多媒体教学软件中，可能包含某个知识点的情景导入、新授、练习、提高等内容模块，每个用户的需求不同，通过交叉跳转，可以较大程度地满足不同用户的需求。但需要注意的是，过多的跳转也容易使用户迷航。

【案例】　　　　电子杂志《剪之韵》

　　《剪之韵》电子杂志是第8届中国大学生计算机设计大赛数字媒体设计类中华民族文化元素一等奖作品。该电子杂志界面友好,内容丰富,其框架结构如图6-14所示。

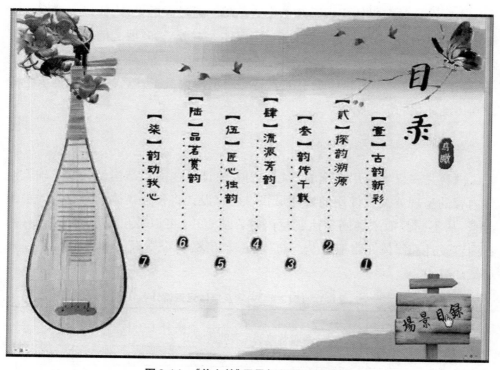

图6-14　《剪之韵》目录框架及跳转设计

　　《剪之韵》电子杂志分别从古韵新彩、探韵溯源、韵传千载、流派芳韵、匠心独韵、品茗赏韵、韵动我心七个部分向用户展示了剪纸艺术。每部分均由导航页版面和内容版面构成,七个部分的导航页面统一为水墨风格,中国风贯穿始终,不仅向用户呈现了剪纸的"韵",也表达了传承中华民族传统文化的宗旨,使整个作品从内容到表现形式达到了统一。

6.2.3　详细设计

此环节的主要任务是形成多媒体应用系统的标准和细则。在开发之前必须制定统一的设计标准,以确保多媒体应用系统风格的一致,主要包括主题设计、内容及媒体元素设计等。

1. 主题设计

主题设计是多媒体应用系统创作的基础。通过主题设计,能确定多媒体应用系统的风格,并以此为基础设计内容、媒体元素等。如《剪之韵》作品中,整本杂志以古典韵味为主要风格,无论跳转到哪部分内容,古典与水墨背景贯穿始终,与作品主题——民族传统手工艺品的展示相得益彰,蕴含了呼唤传承中华民族传统文化的深切情感。

2. 内容及媒体元素设计

内容是多媒体应用系统的核心。内容设计是在前期结构设计的基础上设计内容的呈现方式及使用的媒体形式。内容设计将各种媒体信息有机的组织起来,从不同侧面来共同表达题材内容。从表6-1可以看出,《剪之韵》作品的在内容设计和媒体元素使用上,"韵"字贯穿始终,古今交融,为用户多角度呈现剪纸的魅力。

表6-1　《剪之韵》内容及媒体元素设计

内容模块	主要内容	媒体元素
古韵新彩	新时期剪纸元素的新应用	视频
探韵溯源	剪纸起源的传说故事	动画
韵传千载	剪纸的历史发展	文字、图片
流派芳韵	剪纸的几大派系	文字、图片
匠心独韵	剪纸工具的用法	视频、动画
品茗赏韵	剪纸艺术的周边	音频、视频、文本
韵动我心	剪纸在生活中的运用	文本、图片

需要注意的是,选择媒体的目的是为了更好地展示内容,因此,需要根据要表达的主题,精心地选择和组织内容的媒体呈现形式。如图6-15所示的《剪之韵》作品中"匠心独韵"模块中,设计了剪纸对对碰的小游戏,使用户在游戏中认

识工具,既能增强用户的理解,又增添了电子杂志阅读过程的趣味性。

图6-15 《剪之韵》游戏截图

6.2.4 素材准备

素材准备与加工是根据前期的详细设计要求,搜集、整理、开发文本、图形图像、音频、视频等多媒体素材,并对相应的素材进行数字化处理的过程。有两点需要注意:第一,尽量搜集高质量的素材;第二,要选择开发工具兼容的素材格式类型,便于后期的编辑处理。有些素材内容可能需要原创,这就需要根据多媒体应用系统的要求进行适当的取舍。如《剪之韵》作品中文本字体需要典雅且不失灵动,现有的字体库很难满足要求,因此多媒体开发人员根据需求自己撰写导航页的标题文字,更好地凸显了作品的主题,如图6-16所示。

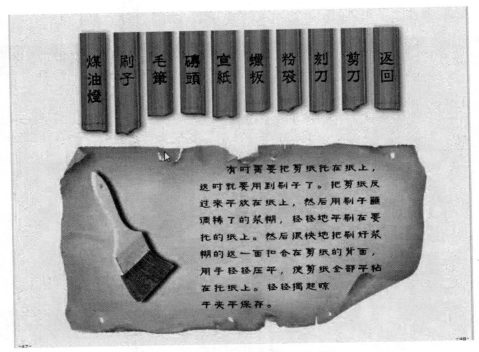

图6-16 《剪之韵》匠心独韵模块截图

需要强调的是,对准备好的素材在使用前都要进行检查,如检查文本的用词是否准确、严谨,图像的显示尺寸、分辨率大小是否合适,视频是否声画同步等。最后,需要将素材转换成为系统开发环境下要求的存储和表现形式。

6.2.5　编码集成

本阶段的主要任务是使用合适的多媒体创作工具软件,根据多媒体结构设计、详细设计的要求将各种媒体素材进行整合,集成为完整的多媒体应用系统的过程。

6.2.6　测试运行

多媒体应用系统完成后,还需要对系统进行测试,检查系统中是否存在错误。系统测试的目的是发现程序中的错误和功能缺陷,验证系统是否达到了预期目标,这是确保软件正确性和可靠性的重要手段。需要注意的是,测试与前

多媒体技术基础教程

面的开发工作是一个反复迭代的过程,要及时发现问题,并随时修改,直到多媒体应用系统顺利运行为止。主要包含以下五个方面的测试:

(1)单元测试。即分模块测试,用于检测每个单元模式是否达成预期结果。单元测试可以在创作的过程中进行,不需要等到全部完成再进行检测。

(2)集成测试。各模块集成后,需要对多媒体应用系统进行整体测试,看各模块之间是否有干扰,是否可以协同工作。

(3)环境测试。集成测试后需要将多媒体应用系统放在不同的软、硬件环境下进行试运行,检测多媒体应用系统的可迁移性。

(4)用户测试。可以有目的地选择一些典型用户进行试用,得到反馈信息,进而改进整个系统。

(5)专家评估。在上述工作都完成之后,还需要将应用系统送给相关专家,从内容、形式等各方面进行评估,形成最终结果。

多媒体开发人员根据测试结果和建议,可以很好地发现应用系统中的问题,返回到前面的某个环节进行修改,经过反复迭代,最终形成一个较为完善的多媒体应用系统。

6.2.7　作品发布

在多媒体应用系统达到要求后,多媒体开发人员完成用户使用说明、产品技术说明的制作,如图6-17所示,连同多媒体应用系统一起即可对外发布,供用户使用。

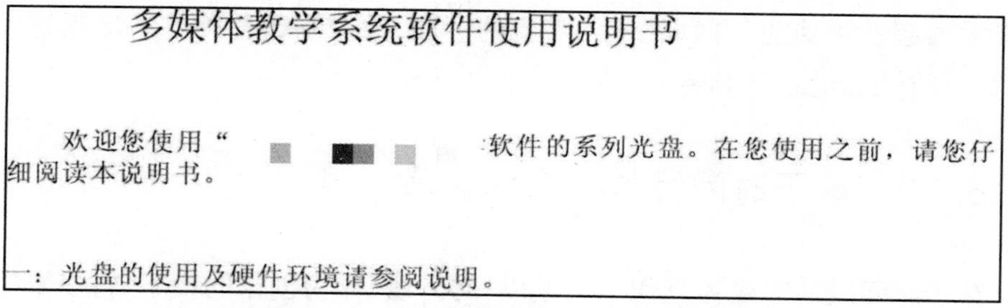

图6-17　某多媒体教学系统软件使用说明书截图

在多媒体应用系统发布后,还可以追踪用户的使用情况,掌握应用系统在使用过程中存在的问题,及时修订,不断完善。

思考与讨论

你认为在多媒体应用系统开发的七个环节中,哪个环节最关键?请说明你的理由。

6.3 多媒体创作工具

多媒体创作工具是指能够集成处理和统一管理多媒体数据,并能够根据用户的需要生成多媒体应用系统的工具软件。根据应用目标和使用对象的不同,一般认为,多媒体创作工具应当具有良好的界面,面向对象的编程环境,较强的数据输入/输出能力、媒体素材处理能力等功能特点。

根据创作方法和特点的不同,多媒体创作工具可分为以下几种类型。

6.3.1 基于卡片或页面的多媒体创作工具

基于卡片或页进行组织和排列的多媒体创作工具,提供了将媒体数据连接到页或卡片中的工作环境。页或卡片相当于数据结构中的一个节点,类似于书中的一页,只不过书中的媒体形式更加丰富多样。通过对这些页或卡片有序排列,形成多媒体作品。基于卡片或页面的多媒体创作工具的优点是开发环境简单,容易上手,组织和管理素材比较方便。这种类型的多媒体创作工具通常具有很强的超链接功能,可以跳转到需要的页面,适合制作各种电子出版物。常用的工具有 ToolBook、PowerPoint、方正奥思等。

6.3.2 基于时间线的多媒体创作工具

基于时间线的多媒体创作工具是以"时间线"作为创作的策略,将多媒体系统的运行看作是一个随时间变化的媒体流,创作者在时间线上编排媒体、安排事件。基于时间线的多媒体创作工具一般包含多个轨道,每个轨道放置不同的媒体对象。通过对轨道中的媒体元素设置不同的"出场"时间和顺序来集成多媒体应用系统。这种类型的多媒体创作工具操作简单,形象直观,所见即所得,但需要处理的内容比较多时,尤其是需要同步的时候,需要对每个轨道的媒体素材做精确安排。常用的工具软件有 Director、Adobe Action 等。

6.3.3　基于图标或流程的多媒体创作工具

基于图标或流程的多媒体创作工具是以图标或流程来组织与排列内容的创作工具。集成的系统是以结构化的流程图为主干,以图标为载体,将多媒体系统的媒体元素、媒体控制、数据流控制等通过图标集成到流程线上,进行流程图式的可视化创作。这种类型的多媒体创作工具交互能力强,调试方便,但在制作大型多媒体应用系统中,由于导航、交互较多,制作的复杂度会比较高。常用的工具软件有 Authorware、Icon Author 等。

6.3.4　可视化编程语言工具

基于传统程序语言为基础的可视化编程语言在开发平台的可视编辑工具中可以直接设计界面,不用为生成一个窗口编写大量的代码。同时,依托于开发平台或第三方的各种控件,设计者可以方便地可视化安排各种界面元素。另外,通过使用一些媒体播放控件,也能够在平台上较方便地控制和同步媒体,使开发人员将精力集中于多媒体内容的创作,提高多媒体作品的可重复使用性、可移植性和共享性。这种类型的多媒体创作工具对设计者的编程基础有一定的要求。常用工具软件有 Visual Basic、Visual C++ 等。

"工欲善其事,必先利其器",要想创作一部优秀的多媒体应用系统,必须根据应用系统的要求,再结合自身的实际情况选择合适的多媒体创作工具。

思考与讨论

根据上述多媒体创作工具的介绍,请分析 Focusky 软件属于哪种类型? 若对该软件不熟悉,请自行到官网(www.focusky.com.cn)查阅相关信息。

习题与思考

一、单项选择题

1. 多种媒体信息在多任务系统下能够很好地协同工作,这说明多媒体技术具有(　　)。

　　A. 多样性　　　B. 交互性　　　C. 集成性　　　D. 实时性

2. 张老师在讲解牛顿第二定律时,用PowerPoint工具软件将文本、图像、动画等媒体元素制作成了多媒体教学课件。这种为表现某一主题将多种媒体有机组织在一起的形式,体现了多媒体的(　　)。

　　A. 可传递性　　B. 交互性　　　C. 集成性　　　D. 大容量

3. 制作多媒体作品时,素材的选取要充分考虑(　　)。

　　A. 个人兴趣爱好　　　　　　　B. 媒体信息特征

　　C. 表达内容　　　　　　　　　D. 表达效果

4. 下列对多媒体作品的理解,不正确的是(　　)。

　　A. 仅仅使用多媒体合成软件将各单媒体素材简单"堆砌",并不是好的多媒体作品

　　B. 借助多种媒体形式表达作品主题,其主要目的是增强信息的感染力

　　C. 各媒体之间应建立有效地逻辑链接,利用不同媒体形式进行优势互补

　　D. 具有"高超"的多媒体合成技术和手段的多媒体作品一定是好的多媒体作品

5. 进行多媒体应用系统开发时,首先要开展的工作是(　　)。

　　A. 需求分析　　　　　　　　　B. 规划设计

　　C. 素材收集　　　　　　　　　D. 作品集成

6. 多媒体应用系统的组成结构包括(　　)。

　　(1)线性结构　　(2)树状结构　　(3)网状结构　　(4)复合结构

　　A. (1)(2)　　　　　　　　　　B. (1)(3)(4)

　　C. (2)(3)(4)　　　　　　　　　D. (1)(2)(3)(4)

二、简答题

1. 什么是多媒体创作工具？为什么要使用多媒体创作工具？

2. 多媒体应用系统的开发包含哪些阶段，请简要说明。

3. 制作多媒体应用系统的过程中，会开展哪些方面的测试？测试的目的是什么？

三、实践活动

分小组完成一个多媒体应用软件的策划书，包含但不限于设计目的、适用对象、人员分配、需要用到的工具软件等，主题自拟。

第6章 多媒体应用系统设计与开发

参 考 文 献

[1] 杨彦明,滕日,高万春,等. 多媒体技术与应用[M]. 北京:清华大学出版社,2020.

[2] 李建芳. 多媒体技术及应用案例教程[M]. 2版. 北京:人民邮电出版社,2020.

[3] 徐子闻. 多媒体技术[M]. 3版. 北京:高等教育出版社,2016.

[4] 邓宁. 多媒体技术[M]. 北京:电子工业出版社,2016.

[5] 普运伟. 多媒体技术及应用[M]. 北京:人民邮电出版社,2015.

[6] 王志强,杜文峰. 多媒体技术及应用[M]. 2版. 北京:清华大学出版社,2011.

[7] 胡晓峰,吴玲达,老松杨,等. 多媒体技术教程[M]. 3版. 北京:人民邮电出版社,2009.

[8] 钟玉琢,沈洪,冼伟铨,等. 多媒体技术基础及应用[M]. 3版. 北京:清华大学出版社,2012.

[9] 林福宗. 多媒体技术基础课程设计与学习辅导[M]. 2版. 北京:清华大学出版社,2002.

[10] 贾永红. 数字图像处理[M]. 武汉:武汉大学出版社,2003.

[11] 龙飞. 剪映教程:3天成为短视频与Vlog剪辑高手[M]. 北京:清华大学出版社,2021.

[12] 龙飞. 剪映教程Ⅱ:调色卡点+字幕音乐+片头片尾+爆款模板[M]. 北京:清华大学出版社,2021.

[13] 孙启善,裴祥喜,秦浩. AutoCAD+3ds Max+Vray+Photoshop室内外效果图设计手册 圣典之作[M]. 北京:北京希望电子出版社,2014.

[14] 王新颖,李少勇. InDesign Photoshop印前技术与图文设计标准教程中文版[M]. 北京:中国铁道出版社,2012.

[15] 多媒体技术及应用 [EB/OL]. [2021-12-20]. https://www. icourse163. org/course/SZU-1001752002?from=searchPage.

[16] 多媒体技术[EB/OL]. [2021-12-20]. https://www.xuetangx.com/course/WHU08091001976/10322500?channel=i.area.manual ＿search.

[17] CG 资源网[EB/OL]. [2021-12-20]. https://www. cgown. com.

[18] 大众脸影视后期特效[EB/OL]. [2021-12-20]. http://www. lookae. com.

[19] 绘声绘影教程 [EB/OL]. [2021-12-20]. http://www. huishenghuiying. com. cn/jiaocheng. html.

[20] CG 自学网[EB/OL]. [2021-12-20]. http://www. cgzixue. cn.

彩 图

超链接文本

含有超链接的图片

图2-6　百度百科中"多媒体计算机"词条

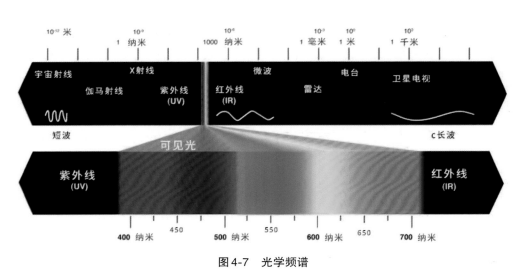

图4-7　光学频谱

彩

图

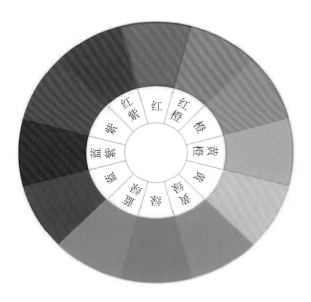

图4-8　12色相环

图4-9　红色与黄色混合效果图

图4-10　红色与绿色混合效果图

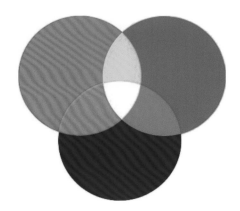

图4-11　RGB三原色叠加图

图 4-41　调节青色至-100%效果

图 4-42　调节黄色至+100%效果

彩

图

图4-43　调节洋红至-100%效果

图4-44　调节黑色至+100%效果

多媒体技术基础教程